BEI GRIN MACHT SICH IHR WISSEN BEZAHLT

- Wir veröffentlichen Ihre Hausarbeit, Bachelor- und Masterarbeit

- Ihr eigenes eBook und Buch - weltweit in allen wichtigen Shops

- Verdienen Sie an jedem Verkauf

Jetzt bei www.GRIN.com hochladen und kostenlos publizieren

Martin Eder

Zusammenfassung des Buchs "Bevölkerungsgeographie" von Jürgen Bähr

GRIN Verlag

Bibliografische Information der Deutschen Nationalbibliothek:

Die Deutsche Bibliothek verzeichnet diese Publikation in der Deutschen National-
bibliografie; detaillierte bibliografische Daten sind im Internet über http://dnb.d-
nb.de/ abrufbar.

Impressum:

Copyright © 2015 GRIN Verlag, Open Publishing GmbH
Druck und Bindung: Books on Demand GmbH, Norderstedt Germany
ISBN: 978-3-668-00830-4

Dieses Buch bei GRIN:

http://www.grin.com/de/e-book/301722/zusammenfassung-des-buchs-bevoelke-
rungsgeographie-von-juergen-baehr

Zusammenfassung von

Bähr, Jürgen. 2004. *Bevölkerungsgeographie*. **Stuttgart: Ulmer.**

Inhaltsverzeichnis

1. Einleitung

1.1 Grundfragen der Bevölkerungsforschung

- 1973: Gründung des „Bundesinstitut für Bevölkerungsforschung"
- Häufig diskutierte, zentrale Themenkreise der Bevölkerungsforschung
  - ➤ Die Bevölkerung ist ungleich über die Erde verteilt; Dichtezentren stehen dünn besiedelten, unerschlossenen Gebieten gegenüber'; in Teilräumen leben so viele Menschen, dass man von Überbevölkerung sprechen kann und verstärkt die Frage nach der Tragfähigkeit der verschiedenen menschlichen Lebensräume stellt
  - ➤ Die ungleiche Verteilung wird durch die Verstädterung verstärkt; in hoch entwickelten Länder geht sie zurück, in der dritten Welt wird sie zum Problem
  - ➤ Kleinräumige Segregationen; unterschiedliche Bevölkerungszusammensetzung; Jugendlichkeit in Entwicklungsländern, Überalterung in Industriestaaten
  - ➤ Rasches Bevölkerungswachstum in Entwicklungsländern; Stagnation und Rückgang in Industriestaaten
  - ➤ Auf regionaler Ebene werden Bevölkerungszahl und Bevölkerungszunahme durch Wanderungsvorgänge bestimmt;

1.2 Entwicklung, Inhalt und Stellung der Bevölkerungsgeographie

- in **Länder- und Reisebeschreibungen** früherer Jahrhunderte lassen sich zahlreiche Hinweise auf die Bevölkerungszahl und die Bevölkerungszusammensetzung einzelner Regionen finden
- *Friedrich Ratzel*: Begründer einer wissenschaftlichen Anthropogeographie legte ein erstes **theoretisches und methodisches Grundgerüst** der Bevölkerungsgeographie
- Trotz anthropogener Betrachtungsweise ergaben sich keine unmittelbaren Impulse für die weitere Ausformung der Bevölkerungsgeographie, weil man sich in erster Linie den **kulturlandschaftlichen Auswirkungen** menschlicher Aktivitäten zuwandte
- die **Tragfähigkeit** bzw. **Bonitierung** der Erde ist ein weiteres Problem, das sich in diesen thematischen Rahmen einordnen lässt
- ein **sozialökologisches Konzept** und das inzwischen entwickelte methodische Instrumentarium wurde erst nach dem 2. Weltkrieg aufgegriffen und in die Geographie integriert
- *Schöller* warf die Frage auf, ob die allseitige **Erforschung des Wandergeschehens** nicht die zentrale Aufgabe einer dynamisch verstandenen Bevölkerungsgeographie sein könnte
- Bevölkerungsgeographie ist die Beschreibung, räumlicher Bevölkerungsverteilungen und –strukturen und die Erklärung dieser Verteilungsmuster

1.3 Datengrundlagen bevölkerungsgeographischer Untersuchungen

- für Bevölkerungsgeographen ist nicht nur eine weit reichende **sachliche Aufschlüsselung** des Materials wichtig, sie sind darüber hinaus auch auf eine möglichst differenzierte **räumliche Unterteilung** angewiesen
- zwei **Hauptgruppen von Datenzusammenstellungen** lassen sich unterscheiden:
  - ➤ Die Statistik des Bevölkerungsstandes: Es wird die Bevölkerung in ihrer Zahl, Zusammensetzung und räumlichen Verteilung für einen Stichtag festgestellt
  - ➤ Die Statistik der Bevölkerungsbewegungen: Es werden die Bevölkerungsveränderungen durch Geburten, Sterbefälle und Wanderungen registriert

- erstere lässt sich aus **Volkszählungen** entnehmen
- **Fortschreibung** als weitere Möglichkeit; dabei gewinnt man die aktuelle Bevölkerungszahl eines Gebietes dadurch, dass zu dem im Zensus ausgewiesenen Bestand die Zahl der Geborenen und Zugezogenen addiert und die Zahl der Gestorbenen und Weggezogenen subtrahiert wird
- **Mikrozensus**: Stichprobenerhebung, mit der in regelmäßigen Abständen ein Teil der Bevölkerung erneut befragt wird

2. Bevölkerungsverteilung und Bevölkerungsstruktur

2.1 Methoden der Analyse und Darstellung

2.1.1 Grundbegriffe und Definitionen
- unter **Bevölkerung** kann man sowohl ein weit gefasstes Begriffsspektrum, da den gesamten Entwicklungsprozess einer Bevölkerung in Raum und Zeit anspricht, als auch eine sehr viel engere statistische Begriffsdefinition verstehen
- in statistischem Sinne bedeutet Bevölkerung die Summe der Einwohner eines Gebietes zu einem bestimmten Zeitpunkt
- Ermittlung:
    - De iure Methode: Wohnbevölkerung
    - De facto Methode: ortsanwesende Bevölkerung (auch Touristen) → Verfälschung
- sehr wichtiges Anliegen der Bevölkerungsgeographie ist die Beschreibung und Erklärung der räumlichen **Bevölkerungsverteilung und –dichte**
- vier Grundformen räumlicher Bevölkerungsverteilung:
    - gleichmäßige Dispersion
    - zufällige Dispersion
    - zentralisierte Konzentration
    - dezentralisierte Konzentration
- Bevölkerungsdichte:
    - **Arithmetische Dichte**: Zahl der Einwohner pro Fläche
    - **Arealitätsziffer**: Fläche durch Zahl der dort wohnenden Personen
    - **Proximalität** (Abstandsziffer): in m
- vor der **Berechnung von Dichtemaßen** müssen drei Fragen geklärt werden:
    - Welche räumlichen Einheiten sollen als Bezugsbasis diesen?
    - Sollen bestimmte Teilflächen eines Gebietes bei der Berechnung unberücksichtigt bleiben?
    - Sollen die Kennwerte für die Gesamtbevölkerung oder einzelne Teilgruppen ermittelt werden?
- density: Zahl der Personen bezogen auf eine bestimmte Flächeneinheit
- crowding: Dichte innerhalb einer Wohnung bzw. pro Wohnraum
- Overcrowding: wenn mehr als zwei Personen auf einen Wohnraum entfallen
- mit external und internal density wird zum einen Bezug genommen auf den Raum, der außerhalb der Wohnung zur Verfügung steht, zum anderen auf die Wohnungsgröße selbst
- von crowding sollte man nur sprechen, wenn man die Dichte als unerwünscht und unangenehm empfindet
- **Bevölkerungsstruktur** spricht den inneren Aufbau eines als komplexe Einheit gegebenen Beziehungsgefüges oder System an

- zur Kennzeichnung der **Bevölkerungsstruktur** gehört die Aufgliederung einer Bevölkerung nach einzelnen Attributen und die Analyse der zwischen ihnen bestehenden Relationen
- Charakterisierungsmerkmale der Bevölkerungsstruktur:
  - ➢ Demographische Merkmale
  - ➢ Wirtschaftliche und soziale Merkmale
  - ➢ Ethnisch-rassische und kulturelle Merkmale
- unter den **demographischen Merkmalen** nehmen Geschlecht und Alter als fundamentale, unveränderliche Gliederungsmerkmale einer Bevölkerung eine Sonderstellung ein („natürliche demographische Merkmale")
- Rasse oder Hautfarbe sind „sozio-demographische Merkmale"
- in der Statistik sind nur die in einem Haushalt zusammenlebenden Familien verstanden
- Kernfamilie, erweiterte Familie, vollständige Familie, unvollständige Familie
- Untergliederung der Haushalte in Ein- und Mehrpersonenhaushalte; Untergliederung derer wiederum in Haushaltstypen, z.B. Ein- und Mehrgenerationenhaushalte
- mit **sozio-ökonomischen Merkmalen** sind Statistiken zur Erwerbstätigkeit, zur Beschäftigung nach Wirtschaftszweigen, zur Stellung im Beruf und zum Bildungsstand gemeint
- Gliederung in vier Wirtschaftssektoren
- hinsichtlich der Beteiligung am Erwerbsleben unterscheidet man zwischen den zwei großen Gruppen der „Erwerbspersonen" und der „Nicht-Erwerbspersonen"
- Erwerbspersonen sind Erwerbstätige, Erwerbslose und diejenigen, die erstmalig einen Arbeitsplatz suchen
- Anteil der Erwerbspersonen an der Gesamtbevölkerung ergibt die „**Erwerbsquote**"
- die Quote wird von der Sexualproportion der Bevölkerung sowie vom Anteil der noch nicht oder nicht mehr für eine Erwerbstätigkeit in Frage kommenden Personen beeinflusst
- die Erwerbstätigkeit wird nicht immer am Wohnort ausgeführt, man muss auf eine Pendlerstatistik zurückgreifen
- hinsichtlich der Stellung im Beruf wird zwischen Selbstständigen, mithelfenden Familienangehörigen, Angestellten und Arbeitern unterschieden
- für eine sozio-ökonomische Gliederung der Bevölkerung können ergänzend Statistiken zum Schulbesuch und zum Ausbildungsniveau benutzt werden
- zu den **ethnisch-rassischen und kulturellen Merkmalen** zählen Angaben zur Staatsangehörigkeit, zur Konfession sowie zur völkischen und sprachlichen Gliederung einer Bevölkerung

2.1.2 Kartographische Darstellungsformen

- Bevölkerungskarten geben Auskunft über Verteilung, Dichte, Strukturen sowie die dauernden oder vorübergehenden räumlichen Veränderungen der Bevölkerungszahlen und –schichtungen
- einerseits können Bevölkerungskarten analysiert, interpretiert und miteinander verglichen werden, um daraus zu neuen Erkenntnissen zu gelangen, zum anderen ist es vielfach sinnvoll, die Ergebnisse bevölkerungsgeographischer Untersuchungen durch die Verwendung von Karten und Diagrammen zu veranschaulichen
- Erarbeitung von Bevölkerungskarten mit der absoluten oder relativen Methode
- **Absolute Methode** dient der Erfassung von Bevölkerungszahlen nach ihrer Verbreitung in absoluten Mengen, d.h. die Zahlen werden auf keine anderen Größen bezogen
- **Relative Methode** setzt die Bevölkerung zu den Flächenangaben in Beziehung

- **Bevölkerungskarten in absoluter Darstellung** basieren auf der „Punktmethode", die entweder in reiner oder in abgewandelter Form zur Anwendung kommt (Punktstreuungskarten)
- ein Punkt repräsentiert eine bestimmte Anzahl von Menschen und wird möglichst lagerichtig in die Karte eingetragen
- **Karten der Bevölkerungsdichte** sind älter als Karten der Bevölkerungsverteilung
- Bevölkerungsdichtekarten geben nach *Wilhelmy* die Anzahl der Bewohner pro Flächeneinheit als Durchschnittswert und zusammengefasst in Dichtestufen für kleinere oder größere Einheiten wider
- Beziehungen zwischen Fläche und Bevölkerung können auch durch **Diagramme oder Kartogramme** veranschaulicht werden
- ein „Flächen-Bevölkerungs-Diagramm" entsteht, indem man auf der x-Achse die Einwohnerzahlen und auf der y-Achse die entsprechenden Flächen jeweils in logarithmischen Maßstab anträgt
- bei „isodemischen Karten" werden die einzelnen Teilräume des Untersuchungsgebietes nicht maßstabsgetreu entsprechend ihrer Fläche, sondern proportional zu ihren Einwohnerzahlen gezeichnet; eine Flächeneinheit auf der Karte entspricht danach einer bestimmten Bevölkerungszahl

2.1.3 Statistische Arbeitstechniken und Kennwerte

- Kennziffern, die zur Charakterisierung der räumlichen Bevölkerungsverteilung dienen können:
  - ➢ Konzentrationsmaße
  - ➢ Nearest neighbour-Maße (Nächst-Nachbar-Analyse)
  - ➢ Zentrographische Maße (Lageparameter)
  - ➢ Potenzialberechnungen
- Lorenzkurve beschreibt die Bevölkerungsverteilung
- Index of dissimilarity (ID) stellt die maximale Differenz zwischen den kumulierten Prozentwerten X und Y oder, geometrisch gesprochen, die maximale vertikale Distanz zwischen der Diagonalen und der Lorenzkurve dar
- sowohl die Lorenzkurve als auch der Index of dissimilarity können zur Kennzeichnung von räumlichen Segregationserscheinungen herangezogen werden
- **Nearest-neighour-Maße** basieren auf der Messung von Distanzen zwischen verschiedenen Wohnstandorten (Punkten)
- mit Hilfe von Nearest-neighbour-Techniken sind insbesondere Siedlungsverteilungen untersucht worden
- **zentrographische Maßzahlen** können für ein beliebiges Untersuchungsgebiet einen Punkt angeben, der die Bevölkerung des Raumes gleichsam repräsentiert
- der von Norden nach Süden gerichtete Gradient der Potenzialveränderungen in der alten Bundesrepublik von 1970 bis 1987 ist wesentlich durch die Nord-Süd-Wanderung aufgrund der günstigeren ökonomischen Lage im Süden bedingt
- ehemalige DDR weist bei deutlich abnehmenden Potenzialwerten ein stärker zentralperipheres Muster auf
- mit der Wiedervereinigung verändert sich das Bild
- Nordost-Pommern und Sachsen verlieren auch weiterhin an Potenzial, während die Gebiete westlich der ehemaligen Grenzen sowie der Großraum Berlin eine zunehmende Lagegunst verzeichnen
- zwischen 1994 und 1998 verstärken sich die Ungleichheiten
- Sachsen, Thüringen und der Berliner Raum verzeichnen die größten Verluste

2.2 Grundzüge und Regelhaftigkeiten räumlicher Bevölkerungsverteilungen

2.2.1 Horizontale und vertikale Differenzierung von Bevölkerungsverteilung und Bevölkerungsdichte über die Erde

- ca. 50% der Weltbevölkerung lebt auf nur 5% der Erdoberfläche
- auf 50-60% der Fläche wohnen nur 5% der Bevölkerung
- Dichtekonzentrationen treten in Ostasien sowie im tropischen und randtropischen Südasien, aber auch in Europa und im östlichen Anglo-Amerika auf
- Südhemisphere hat nur einen Anteil von 10% an der Weltbevölkerung
- von der Gesamtbevölkerung leben 60% in Asien, 14% in Afrika und 12% in Europa
- höchster Dichtewert in Asien mit 100 Ew/km² (weltweites Mittelmaß: 47 Ew/km²)
- 75% der Menschen konzentrieren sich auf 23 Staaten mit jeweils mehr as 50 Mio. Einwohner; China, als bevölkerungsreichstes Land der Erde, beherbergt mehr als 1/5 der Weltbevölkerung; China und Indien 37%
- Tropische Landwechselwirtschaft hat geringe Einwohnerdichte, aber eine ausreichende Ernährung der Bevölkerung ist oft nicht gewährleistet
- im Norden Skandinaviens erschwert die geringe Zahl dort lebender Menschen die Sicherstellung befriedigender Lebensumstände, da die Errichtung und Unterhaltung einer ausreichenden Infrastruktur nur durch umfangreiche staatliche Hilfen möglich ist
- zur Erklärung unterschiedlicher Bevölkerungsdichten müssen verschiedene Ursachen herangezogen werden; physisch-geographische Tatbestände, wie Höhenlage, Klima und Böden reichen allein kaum aus
- ihr Einfluss ist zwar in einzelnen menschlichen Lebensräumen größer als in anderen, immer treten jedoch **demographische, historisch-kulturelle, soziale, wirtschaftliche und politische Bestimmungsgründe** hinzu, die sich zu einem komplizierten Beziehungsgeflecht zusammenfügen, sodass es meist schwierig ist, die Wirkung eines bestimmten Faktors zu isolieren
- dennoch gibt es eine Reihe von Regelhaftigkeiten:
  - ➢ nicht die gesamte Erdoberfläche gehört zum Siedlungs- und Lebensraum; Ozeane, Wüsten, immerfeuchte Tropen und festländische Bereiche sind ausgeschlossen
    - ▪ Ökumene: die vom Mensch bewohnten Gebiete
    - ▪ Vollökumene: ständig bewohnte Gebiete
    - ▪ Anökumene: völlig unbewohnte Zonen
    - ▪ Sub- oder Semiökumene: wenig breiter Grenzsaum, in dem es nur zeitweilig bewohnte Siedlungsplätze gibt
    - ▪ Periökumene: Siedlungsinseln in Anökumenen
- 50% der Landoberfläche zählt zu Vollökumenen, 40% zu Subökumenen und etwas mehr als 10% zur absoluten Anökumene
- **Ökumene** und **Anökumene** lassen sich in Außen- und Innengrenzen unterscheiden
- Außengrenzen sind beispielsweise Küsten- oder Polargrenzen und Innengrenzen können Höhen- oder Trockengrenzen sein
- Keine naturgesetzliche Abhängigkeit, da durch technischen Fortschritt die Grenzen verschiebbar sind
- neben den Eiskappen der Arktis und Antarktis sind auch weite Tundrengebiete in Asien und Nordamerika und im borealen Nadelwald unbewohnt; Dauersiedlungen liegen, wenn überhaupt, entlang der Flussläufe
- außerordentliche Bevölkerungskonzentration in Teilen der südostasiatischen Tropen ist als Ergebnis besonders günstiger Umstände (z.B. natürliche Düngung der Böden durch vulkanische Aschenregen) zu werten
  Verteilung der Weltbevölkerung auf einzelne Klimazonen

- auf dem Idealkontinent gibt es eine ausgeprägte Konzentration der Menschen auf einem **schmalen Küstenstreifen**
- um 1950: in einem Küstenstreifen von 50 km Breite und damit auf 12% der Fläche der bewohnten Erde leben 28% und in einem Küstenabstand von 200 km sogar mehr als die Hälfte der Menschen
- unterschiedliche Bevölkerungsverteilung auf der **Ost- und Westseite der Kontinente**: besonders deutlich wird dies im Bereich der großen Trockengürtel in Höhe der Wendekreise; im Westen reichen hier die Wüsten bis an das Meer heran und die Küsten sind mit Ausnahme einzelner Hafenplätze völlig unbewohnt; auf nahezu gleicher geographischer Breite leben im Osten die mit am dichtesten bevölkerten Gebiete der Erde
- **vertikale Dimension**: mehr oder weniger kontinuierliche Abnahme der durchschnittlichen Bevölkerungsdichte mit der Höhe: 644m in Südamerika, Anden bis 5.000 m (Ausnahme)
- **Bewertung vom Menschen als Grundlage für Gunsträume**: ehemals negativ eingeschätzte Sachverhalte können heute als positiv angesehen werden und umgekehrt
- die Verteilung der Bevölkerung über die Erde und innerhalb einzelner Lebensräume kann man folglich nur verstehen und erklären, wenn man neben den physisch-geographischen Ausstattungsmerkmalen und den daraus wenigstens z.T. ableitbaren materiellen Kulturleistungen die historische Dimension berücksichtigt und den sozialen und wirtschaftlichen Entwicklungsstand einbezieht

2.2.2 Bestimmungsgründe kleinräumiger Bevölkerungsverteilungen

- betrachtet man die Bevölkerungsverteilung nicht nur in weltweiter Perspektive, sondern analysiert sie zusätzlich auf nationaler oder regionaler Ebene, so steigt die Zahl möglicher Einflussgrößen eher noch an, und eine Erklärung der sich ergebenden Raummuster wird damit schwieriger
- **Bevölkerungsverteilung in Sambia**: Bevölkerung verteilt sich sehr ungleich, Land ist dünn besiedelt; Menschen leben entlang der Eisenbahnlinien, doch auch hier ist die Konzentration unterschiedlich hoch
- Hohe Dichtewerte in Ost und Nord; hat keine physio-geographischen Gründe; siedlungsleere Regionen decken sich mit dem Vorkommen der Tsetsefliege
- Besonders enge Verknüpfung zwischen der Bevölkerungsdichte und der wirtschaftlichen Raumstruktur; in ländlichen Gebieten treten immer dann höhere Dichtewerte auf, wenn die traditionelle Landwechselwirtschaft durch intensivere Landnutzungsformen abgelöst werden oder aber durch Viehhaltung und Fischfang ergänzt wird
- Starke Bevölkerungskonzentration an Standorten des Bergbaus sowie der sekundären und tertiären Aktivitäten
- **Regressions- und korrelationsanalytische** Untersuchung von *Robinson* und *Bryson*: wollten einen Zusammenhang herstellen zwischen der ländlichen Bevölkerungsdichte im Farmgebiet von Nebraska und der durchschnittlichen Niederschlagshöhe
- die Regressionsgleichung ermöglicht es, für eine beliebig vorgegebene Regenmenge eine erwartete Bevölkerungsdichte zu bestimmen
- statistische Analysen leisten nur dann einen Beitrag zur Lösung des Problems, wenn auf die von der Ursache zur Wirkung führenden Prozesse eingegangen wird
- weiteres Bespiel: Bergflucht in den 50er und 60er Jahren: Mezzadri flohen aus den Apenninen in die Stadt

2.3 Städtische und ländliche Bevölkerung

2.3.1 Die Verstädterung der Erde

- erste städtische Siedlungen entstanden von über 5.000 Jahren im vorderen Orient
- sie unterschieden sich von dorfbäuerlichen und nomadischen Niederlassungen durch ihre differenziertere Bebauung und die vergleichsweise größere Bedeutung sekundärer und tertiärer Aktivitäten
- spätere Städte im Indusgebiet, im mediterranen Europa und in China
- Städte zählten selten mehr als 5.000-10.000 Einwohner; vorwiegend Landbevölkerung
- von den Städten ausgehende Überformung ihres Umlandes
- heute: städtisch-industrielle Lebens-, Wirtschafts- und Wohnformen haben sich mehr und mehr auch auf dem Lande durchgesetzt; verflochtenes Stadt-Land-Kontinuum
- **Verstädterung**: Vermehrung, Ausdehnung oder Vergrößerung von Städten nach Zahl, Fläche oder Einwohnern sowohl absolut als auch im Verhältnis zur ländlichen Bevölkerung
- **Urbanisierung**: Ausbreitung und Verstärkung städtischer Lebens-, Wirtschafts- und Verhaltensweisen
- Verstädterung kann aufgefasst werden als:
    - ➢ Demographischer Zustand: Anteil der Stadtbevölkerung an der Gesamtbevölkerung eines Landes
    - ➢ Demographischer Prozess: Wachstum der Stadtbevölkerung eines Landes
    - ➢ Prozess der Verdichtung des Städtenetzes: Erhöhung der Zahl der Städte innerhalb eines Landes
- schwere Definitionsfindung von Stadt: am häufigsten wird Stadt mit Hilfe der Mindesteinwohnerzahl definiert, doch auch hier schwanken die verwendeten Werte sehr
- weltweit gibt es eine sehr unterschiedlich starke Verstädterungsquote
- Nord- und Lateinamerika sowie Europa weisen die höchsten Verstädterungsquoten auf
- **Wachstumsrate der städtischen Bevölkerung** ist nicht in den Industrieländern mit ihrer hohen Verstädterungsquote hoch, sondern in den Entwicklungsländern
- eine besonders dynamische Entwicklung weisen die Städte mit mehr als 1 Mio. Einwohnern auf (**Metropolen**)
- im Jahr 2005 gab es 430 Metropolen, 1975 nur 195; bei diesem anhaltenden Trend ist damit zu rechnen, dass in naher Zukunft mehr als 20% der Weltbevölkerung in Millionenstädten leben werden
- Megastadt ab 5 Mio. Einwohner
- 20 Megastädte aktuell, nehmen 5% der Weltbevölkerung auf
- die meisten Megastädte liegen in der Dritten Welt
- Probleme des raschen Städtewachstums in der Dritten Welt: Schwierigkeiten auf dem Arbeitsmarkt, menschenunwürdige Wohnbedingungen in den randstädtischen Hüttenvierteln, mangelhafte Infrastrukturausstattung, unzureichende öffentliche Verkehrsmittel und zunehmende Umweltverschmutzung
- **Weltweiter Verstädterungsprozess** nahm seinen Ausgangspunkt im nordwestlichen Europa und war eng mit der Industrialisierung des 19. und beginnenden 20. Jh. verknüpft
- Städtische Bevölkerung nahm vor allem in den Bereichen schnell zu, in denen die Industrialisierung spät einsetzte
- Zunahme des **Verstädterungsgrade im zeitlichen Verlauf** wird idealtypisch durch eine S-förmige Kurve charakterisiert
  Beispiel: England Wales; Beginn 19. Jh. nimmt der Anteil der städtischen Bevölkerung langsam zu, ab 1825 sehr schnell auf 50%; darauf gab es erste Zeichen einer

Trendwende, nach 1900 etwa gleich bleibend; zu diesem Zeitpunkt waren die Dritte-Welt-Länder noch am Anfang dieser Entwicklung; aber auch 2003 betrug der Verstädterungsgrad noch 40% und befand sich damit auf dem Stand der Industrieländer 1925
→ Phase der Zunahme der Stadtbevölkerung scheint umso kürzer, je später sie einsetzt
- Städte werden als „Innovationszentren" und „Motor einer Modernisierung" aufgefasst
- Zunahme der städtischen Bevölkerung lässt sich auf **drei Ursachengruppen** zurückführen:
  - Neugründung von Städten oder eine Umklassifizierung bisher als „rural" eingestufter Siedlungen nach Überschreiten einer bestimmten Einwohnerzahl
  - Natürliches Bevölkerungswachstum
  - Land-Stadt gerichtete Wanderungsbewegung, z.T. auch grenzüberschreitende Zuwanderungen
- Neugründungen und Umklassifizierungen haben vergleichsweise wenig Einfluss; Geburtenüberschüsse in Entwicklungsländern spielen eine größere Rolle
- in Entwicklungsländern machen die Wanderungsgewinne selten mehr als 50% des städtischen Wachstums aus; Wachstum liegt meist daran, dass die Sterberate unter der Geburtenrate liegt
- doppelte Schwierigkeit in den Entwicklungsländern: Zahl der auf dem Land und von einer landwirtschaftlichen Tätigkeit lebenden Menschen nimmt immer noch schnell zu und die Ernährungsbasis der dort wohnenden Familien wird dadurch weiter eingeschränkt
- **Hyperurbanization/Overurbanization**: Ungleichgewicht zwischen dem Verstädterungsgrad eines Landes und seiner wirtschaftlichen bzw. industriellen Entwicklung
- Verstädterungsquote und Bruttosozialprodukt pro Kopf als Indikatoren der Verstädterung
- es besteht ein Zusammenhang zwischen Verstädterungsgrad und wirtschaftlicher Entwicklung
- Bedeutung einer Stadt kann an ihrer Bevölkerungszahl und an ihrem „Rang" innerhalb des Städtesystems gemessen werden
- **Beziehung zwischen Einwohnerzahl und Rangplatz** lässt sich anschaulich mit Hilfe eines *rank-size*-Diagramms zum Ausdruck bringen
- Auerbachs Konzentrationsgesetz: das Produkt aus Rangplatz und Bevölkerungszahl bleibt für die Städte eines Landes ziemlich konstant und schwankt nur geringfügig um einen Mittelwert
- das Produkt aus Rangplatz und Bevölkerungszahl entspricht gerade der Einwohnerzahl der rangersten Stadt
- zwei wichtige Folgerungen:
  - die Steigung der Geraden stimmt meist mit dem Wert 1 überein; q-Werte über 1 deuten auf eine Dominanz der Metropole(n) hin, q-Werte unter 1 stehen für eine relative Überrepräsentation der Städte mittlerer Größenordnung
  - einzelne Stadtgruppen und dabei insbesondere die großen Agglomerationen, vielfach aber auch die kleinsten Siedlungen, weichen z.T. erheblich von der „idealen Geraden" ab, sodass man die *rank-size-rule* nur mit Vorbehalt als eine allgemein gültige Regel ansprechen kann
- bevölkerungsmäßiges **Übergewicht der größten Städte** eines Landes wird als *primacy* bezeichnet und lässt sich quantitativ durch den *index of primacy* erfassen (Jefferson)
- *index of primacy* lässt sich als Quotient aus der Einwohnerzahl der größten und zweitgrößten Stadt definieren (im Normalfall Index von 2 bei einer Steigung von -1)

- *Primate City*: wenn der errechnete Wert darüber liegt, wenn die Einwohnerzahl der größten Stadt eines Landes die der zweitgrößten um ein Vielfaches übertrifft
- eine Primatverteilung ist auch dann gegeben, wenn zwei oder drei „führende Städte" auftreten und anschließend ein erheblicher Abfall der Einwohnerzahlen auftritt
- Berry unterschied drei Typen der Ranggrößenverteilung:
  > Primate-Gruppe mit einer ausgeprägten Dominanz der größten Städte
  > Rank-size-Gruppe mit einem gut an die Regressionsgerade angepassten Verteilungsbild
  > Eine dazwischen liegende mittlere Gruppe mit nur leichtem Übergewicht der rangersten Städte
- eine Primatverteilung haben Länder wie Chile, Frankreich oder Thailand, in die mittlere Gruppe sind Schweden, Kolumbien oder Iran einzuordnen und ein log-normales Muster ist für die USA, Deutschland oder Indonesien kennzeichnend

2.3.2 Die jüngere Bevölkerungsentwicklung in den Ballungsräumen hoch industrialisierter Staaten

- um Verstädterung im zeitlichen Verlauf hoch industrialisierter Staaten genauer nachzugehen, muss man sich auf umfassende Agglomerationsräume einschließlich ihres Umlandes beziehen
- als Abgrenzungskriterien werde strukturelle Gesichtspunkte und funktionale Verflechtungen herangezogen
- parallel zur räumlichen Erweiterung der Stadt hat sich eine Umverteilung und Dekonzentration von Bevölkerung und Produktion, Verwaltung und Handel vollzogen
- spätindustrielle Phase der Stadtentwicklung wird mit dem Begriff **Suburbanisierung** umschrieben: Einsetzen des räumlichen Wachstums der Verdichtungsräume und die Redistribution der Bevölkerung (urban sprawl) in Deutschland in den 50ern
- Suburbanisierungsprozess schwächt sich in der Gegenwart ab bzw. wird von einer gegenläufigen Entwicklung überlagert
  > die Bevölkerungszunahme im Umland gleicht die –abnahme im Umland nicht mehr aus
  > regional ist eine gewisse Wiederaufwertung der Kernstadt, verbunden mit einem erneuten Bevölkerungsanstieg bzw. einer Abschwächung des Bevölkerungsverlustes, festzustellen
- **Phasengliederung des Verstädterungsprozess** nach Gibbs:
  > In der Frühphase städtischer Entwicklung wächst die ländliche Bevölkerung noch schneller als die städtische
  > Bedingt durch Stadt-Land gerichtete Migration treten erste Konzentrationserscheinungen auf, und die Zuwachsrate der städtischen Bevölkerung übertrifft die ländliche
  > Ländliche Bevölkerung nimmt nicht nur relativ, sondern auch in absoluten Zahlen ab; Gründe: beschleunigte Abwanderung, insbesondere junger Menschen, und dadurch gegebene rückläufige Geburtenrate
  > Einwohnerzahlen kleinerer Städte gehen ebenfalls zurück, da die Abwanderung jetzt auch auf Orte dieser Größengruppen übergreift und diese zugleich als Folge der Bevölkerungsverluste auf dem Land wichtige Funktionen der Umlandversorgung verlieren
  > Konzentrationsprozess kommt zum Stillstand, denn Verbesserungen im Transport- und Kommunikationssystem ermöglichen eine gleichmäßigere Bevölkerungsverteilung; Wanderungsbewegungen sind jetzt von den hoch verdichteten Räumen in weniger dicht besiedelte Zonen gerichtet

- Modell der *differential urbanization* von Geyer und Kontuly differenziert die jüngere Entwicklungsphase weiter aus; betrachtet werden Bevölkerungsveränderungen bzw. Wanderungsbilanzen von drei städtischen Hierarchiestufen der Städte
- während der Urbanisierungsphase sind die Wanderungsbewegungen hauptsächlich auf die großen Agglomerationen gerichtet, die dadurch an Einwohnern zunehmen
- Phase der *polarization reversal*: mittelgroße Städte und nicht länger Ballungszentren die höchsten Wanderungsgewinne aufweisen
- Phase der *counterurbanization*: Ballungsumkehr; nun sind die stärksten Migrationsströme auf kleine Städte gerichtet, mittelgroße Städte weisen rückläufige Wanderungsgewinne, große Städte sogar eine negative Wanderungsbilanz auf
- *Rural renaissance*:
  - ➢ Sandortverlagerungen von Industrieunternehmen und tertiären Einrichtungen
  - ➢ Zunehmende Mobilität alter Menschen
  - ➢ Wachsende Bedeutung der Umweltqualität für das Wanderungsverhalten
- seit den 80ern hat sich das Wachstum nichtmetropolitaner Gebiete abgeschwächt; große Verdichtungsräume erlebten Wachstumsschub
- *international counterurbanization*: Wanderungen in den ländlichen Raum eines anderen Landes
- **Beispiel der Bundesrepublik Deutschland**: Agglomerationsräume blieben im Hinblick auf ihre Bevölkerungsentwicklung hinter den anderen Gebietstypen zurück; Veränderungen in strukturstarken und –schwachen, altindustrialisierten Räumen der alten Länder höchst unterschiedlich waren, Durchschnittswerte haben nur begrenzte Aussagekraft;
- im Laufe des Verstädterungsprozess ändert sich nicht nur die großräumige Bevölkerungsverteilung, sondern diese wird begleitet von **kleinräumigen Verschiebungen innerhalb der einzelnen Gebietskategorien**
- in Verdichtungsräumen von Industrieländern, differenziert nach Kernstadt und Umland, gliedert sich der räumliche Zyklus in:
  - ➢ **Urbanisierungsphase**: Bevölkerungswachstum in der Kernstadt größer als im Umland
  - ➢ **Suburbanisierungsphase**: Bevölkerungswachstum im Umland größer als in der Kernstadt
  - ➢ **Desuburbanisierungsphase**: Bevölkerungsabnahme im Verdichtungsraum als Ganzem
  - ➢ **Reurbanisierungsphase**: relative/absolute Bevölkerungszunahme in der Kernstadt
- Urbanisierung und Reurbanisierung sind durch Zentralisierungsprozesse bestimmt; Suburbanisierung und Desuburbanisierung sind durch Dezentralisierungsprozesse bestimmt
- *counterurbanization* schließt die über die Grenzen der Verdichtungsräume hinausgreifende Suburbanisierung (Exurbanisierung) mit ein
- Beleg für Reurbanisierung ist, dass einzelne Kernstädte wieder in den Agglomerationsräumen an Bevölkerung zunehmen bzw. sich der Einwohnerverlust abschwächt
- von Revitalisierung kann nicht gesprochen werden, da die Kernstädte als Ganzes in aller Regel negative Bilanzen für das natürliche Wachstum und die Binnenwanderungen aufweisen

2.3.3 Struktur und Veränderung innerstädtischer Bevölkerungsdichten

- Kern-Rand-Gefälle als wichtigstes Merkmal städtischer Siedlungen
- Bevölkerungsdichte zeigt regelhafte Veränderungen vom Stadtzentrum zur Peripherie; in den zentral gelegenen Stadtteilen am Rande der City werden die höchsten Dichtewerte erreicht
- nach Analyse des **Dichtegradienten** in 20 verschiedenen Städten kam Clark zu drei wichtigen Ergebnissen:
  - Regressionsansätze mit dem Logarithmus der Bevölkerungsdichte als abhängiger und der Distanz als unabhängiger Variablen zeigen für alle untersuchten Beispiele und Zeiträume eine gute Anpassung an empirisch festgestellten Werten
  - Kompaktheit einer Stadt hängt ceteris paribus von ihrer Größe ab; kleine Städte sind kompakter als größere
  - Dichtegradient verändert sich im zeitlichen Längsschnitt; in den meisten Städten geht eine Bevölkerungszunahme mit abnehmender Kompaktheit einher
- Clark: Standort in einer Stadt sind durch zwei „Güter" zu charakterisieren, durch die Fläche und durch ihre Lage
- wenn Zentralität die erstrebenswerteste Lageeingenschaft ist mit der sich die höchsten Bodenpreise realisieren lässt, so ergibt sich eine zonal angeordnete Flächenstruktur und eine Abnahme der Bodenpreise von innen nach außen
- Intensität der Flächennutzung wird zur Peripherie hin zurückgehen und in zentralen Stadtteilen sind hohe, in randlichen Lagen niedrige Wohndichten zu erwarten
- Regel gilt nicht für das unmittelbare Stadtzentrum, da hier die Wohnnutzung im Wettbewerb mit anderen Formen der Bodennutzung unterlegen ist
  → Dichtewerte sind in diesem Bereich sehr niedrig und die Dichte-Distanz-Kurven weisen im Zentrum einen ausgeprägten „Krater" auf
- Zeitliche Wandel verlaufen nicht in allen Kulturräumen gleichartig
- Westliche und nicht-westliche Städte unterscheiden sich in zwei Punkten:
  - In westlichen Städten nimmt die zentrale Dichte im zeitlichen Verlauf zunächst zu, danach geht sie zurück (*deconcentration*); in nicht-westlichen Städten ist ein stetiger Anstieg des Parameters d_0 zu beobachten (*overcrowding*)
  - Der Dichtegradient und damit die Kompaktheit zeigt in westlichen Städten eine abnehmende Tendenz (*suburbanization* oder *decompaction*), während sie in nicht-westlichen Städten im zeitlichen Schnitt weitgehend konstant bleibt (*urban expansion without suburbanization*)
- dieser Gegensatz resultiert aus den unterschiedlichen räumlichen Verhaltensmuster der höher- und niederrangigen sozio-ökonomischen Gruppen
- in vorindustriellen Städten blieb die Zahl der reichen Familien verhältnismäßig gering und diese strebten möglichst zentral gelegene Wohnstandorte an → mangels unzureichender Transportmittel konnten auch die unteren Sozialschichten nur begrenzt in entlegenere Stadtviertel ausweichen→ starke Nachfrage nach zentrumsnahen Wohnungen → Bevölkerungskonzentration in den zentralen Stadtbereichen stieg → Städte wuchsen nur langsam nach außen
- westliche Welt: während der Industrialisierung nahmen in den Städte die wohlhabenden und mobilen Bevölkerungsschichten nach ihrer absoluten Zahl und ihres relativen Anteils zu
- aufgrund verbesserter Verkehrssysteme bevorzugten diese Gruppen Wohnstandorte mit hohem Flächenverbrauch an der Peripherie der Städte und bewirkten so eine rasche Ausweitung der bebauten Fläche und eine Abnahme des Dichtegradienten

- neben räumlichen unterschieden lassen sich auch beträchtliche Abweichungen der
  Dichte-Distanz-Beziehung zwischen einzelnen Bevölkerungsgruppen nachweisen

2.4 Gliederung der Bevölkerung nach Geschlecht, Alter und Familien- und Haushaltsstruktur

2.4.1 Gliederungsprinzipien und Überblick im Weltmaßstab

- Betrachtung der Zusammensetzung der Bevölkerung nach demographischen, sozialen
  oder wirtschaftlichen Merkmalen
- Zur Charakterisierung der **Geschlechtsgliederung** einer Bevölkerung verwendet man
  im Allgemeinen die Sexualproportion
- **Sexualproportion** gibt an, wie viele männliche Personen auf je 100 weibliche kommen; sie lässt sich für die Gesamtbevölkerung oder für einzelne Gruppen berechnen
- wesentliche Unterschiede zwischen Industrie- und Entwicklungsländern; höherer
  Männeranteil in weniger entwickelten Staaten (103:100), geringerer in den übrigen
  Ländern (94:100); Weltmittel (101:100)
- Sexualproportion in den unteren Jahrgangsklassen ist zugunsten des männlichen Bevölkerungsanteils verschoben
- zur Beurteilung der **Altersstruktur** soll man sich nicht nur auf das Medianalter beziehen, sondern auch die Bestimmung von Prozentanteilen für ausgewählte Jahrgangsgruppen mit einbeziehen
- drei Gruppen: Kinder und Jugendliche (0-14 bzw. 0-19), Erwachsene bzw. Personen
  im erwerbsfähigen Alter und alte Menschen (60 bzw. 65 und älter)
- Art der graphischen Darstellung: Dreiecksdiagramm
- Setzt man einzelne Altersgruppen zueinander in Beziehung, ergeben sich verschiedene
  Möglichkeiten einer Indexbildung; folgende Indizes sind gebräuchlich:
  - Index für die „Jugendlichkeit einer Bevölkerung": Zahl der Kinder und Jugendliche auf 100 alte Menschen oder auf 100 Erwachsene
  - Altersindex: Zahl der alten Menschen auf 100 Kinder und Jugendliche bzw.
    auf 100 Erwachsene
  - Abhängigkeitsindex (Belastungsquote): Zahl der Kinder und Jugendlichen sowie der alten Menschen (z.T. mit unterschiedlicher Gewichtung) auf 100 der
    Bevölkerung im erwerbsfähigen Alter
- Überalterung, die durch einen Rückgang der Fertilität verursacht wird, ist das Ergebnis
  einer langjährigen Entwicklung und zeigt sich zunächst nur in der Abnahme der unteren Jahrgangsgruppen
- eine Überalterung durch Abwanderung kann innerhalb kurzer Zeit eintreten
- genauere Einsichten in die Alters- und Geschlechtsgliederung einer Bevölkerung als
  sie durch die Verwendung von einfachen Indexwerten möglich sind, lassen sich durch
  eine Auswertung und Interpretation von Alterspyramiden gewinnen
- **Alterspyramide**: modifiziertes Häufigkeitsdiagramm, bei dem die Häufigkeiten nicht,
  wie normalerweise üblich, auf der Ordinate, sondern auf der Abszisse abgetragen und
  gleichzeitig getrennt für den männlichen und weiblichen Bevölkerungsanteil ausgezählt werden
- drei Grundtypen der Bevölkerungspyramide:
  - Pyramiden- oder Dreiecksform
  - Bienenkorbform
  - Urnenform
- die Alterung oder das demographische Altern einer Bevölkerung ist das Ergebnis eines
  Geburtenrückgangs

- bei Abnahme der Mortalität (und gleichzeitig konstanter Fertilität) ergeben sich gewisse Veränderungen im Verhältnis zwischen den einzelnen Jahrgangsgruppen, die Form der Pyramide bleibt aber grundsätzlich erhalten
- bei konstanter Mortalität und zurückgehender Fertilität ist ein Übergang von der Pyramiden- zur Bienenkorbform festzustellen
- bei Reduzierung der Sterblichkeit und der Fruchtbarkeitsrate tritt ein urnenförmiges Diagramm auf
- extreme Verschiebungen bei der Alterspyramide sind bei außergewöhnlichen Einwirkungen auf Sterblichkeit und Geburtenhäufigkeit oder selektiven Wanderungsvorgängen zu beobachten
- Kontrast des Medianalters: in weiterentwickelten Regionen stieg die Kennziffer zwischen 1950 und 2000 von 28,2 auf 37,3 Jahre, in den Entwicklungsländern liegt sie bei 24,1 gegenüber 21,2 Jahren
- Aufgliederung der Bevölkerung nach Altersgruppen: Afrika: 40% sind unter 15; Europa: 16% sind unter 15 und über 64
- **Abhängigkeitsindex**: Prozent der Alten und Jugendlichen im Vergleich zu den Erwerbsfähigen
- Schnitt liegt bei 55, d.h. 100 Personen im erwerbsfähigen Alter müssen für 55 Kinder, Jugendliche oder alte Menschen aufkommen
- Begünstigt sind Länder, in denen ein Rückgang der Fertilität und eine Abnahme der Jugendlichen eingesetzt haben, ohne schon zu einer nachhaltigen Erhöhung der älteren Jahrgangsgruppen zu führen
- Für weniger entwickelte Gebiete entspricht eine charakteristische Häufigkeitsverteilung angenähert einer Pyramide, während für Industrieländer ein Übergang von der Bienenkorb- zu einer Urnenform typisch ist
- Beispiel: Pyramide, Kolumbien: mittlere Geburten- und niedrige Sterberate → absolute Zahl der Geburten nimmt zu
- Extremes Übergewicht der unteren Pyramidenabschnitte trifft für solche Länder zu, in denen die Sterberaten und insbesondere die Säuglingssterblichkeit rasch zurückgehen, die Geburtenziffer aber noch sehr hoch liegt (z.B. Nigeria)
- Bienenkorbform entsteht immer dann, wenn die absolute Zahl der Geborenen von Jahr zu Jahr ungefähr konstant bleibt und nur die mit dem Alter steigende Sterbewahrscheinlichkeit wirksam wird
- Geht die Geburtenzahl über einen längeren Zeitraum ständig zurück, bildet sich schließlich ein urnenförmiges Verteilungsbild heraus
- Weltweite altersstrukturelle Unterschiede sind das **Ergebnis eines längeren demographischen Prozesses**
- Zwischen Alters- und Geschlechtsgliederung einer Bevölkerung und der **Zusammensetzung nach dem Familienstand** bestehen sehr enge Beziehungen
- Hoher Prozentsatz der Ledigen in Gebieten mit einer sehr jungen Bevölkerung; hoher Prozentsatz von Verwitweten in Räumen mit einer älteren Bevölkerung
- Ledigenanteil in den Entwicklungsländer ist durchgehend hoch, Verwitwetenanteil liegt unter dem der Industrieländer
- **Familien- und Haushaltsstruktur**: mittlere Haushaltsgröße beträgt 4,1 Personen, in entwickelten Regionen 2,7 und in der Dritten Welt 4,8
- große Haushalte in der Dritten Welt sind nicht nur auf kinderreiche Familien zurückzuführen, sondern auch darauf, dass mehre Generationen zusammenleben
- Trend zur Kernfamilie in den Industrieländern
- **Anteil der Einpersonenhaushalte** ist in den Industrieländern gestiegen
- nicht-eheliche Lebensgemeinschaften sind gestiegen

- Stadt-Land-Gegensatz: differierende Wohnbedingungen, Wohnansprüche, besondere Erwerbsstruktur, unterschiedliche Einstellung zu Familie und Ehe

2.4.2 Regionale Unterschiede und Konzentrationserscheinungen

- kennzeichnend für Industrieländer ist eine mehr oder weniger weit fortgeschrittene Alterung, verbunden mit einer zur weiblichen Seite verschobenen Sexualproportion
- Beispiel: Italien bietet instruktive Belege für **interregionale Unterschiede** hinsichtlich der Alters- und Geschlechtszusammensetzung
- Differenzierungen zwischen Nord und Süd; Medianalter macht die Gegensätze zwischen dem unterentwickelten, noch stark agrarisch geprägten *Mezzogiorno* und dem hoch entwickelten, industrialisierten Norden deutliche
- Beispiel: in den USA sind regionale Differenzierungen hinsichtlich des **Anteils älterer Menschen** und die in den letzten Jahrzehnten abgelaufenen Veränderungen besonders ausgeprägt
- Zum einen gibt es eine zunehmende Alterung der Bevölkerung und zum anderen setzte die Abwanderung älterer Menschen aus den umweltbelastenden Verdichtungsräumen verhältnismäßig früh sein und blieb nicht auf die Mittel- und Oberschicht beschränkt
- Rentenparadies Florida: Überalterung durch Zuwanderung (*immigration of elderly*); Rückwanderung in hohem Alter
- *ageing-in-place*: ein natürliches Altern der Wohnbevölkerung, das durch die Abwanderung junger Erwerbspersonen verstärkt wird
- Entwurf von **Altenstädten** auf dem Reißbrett: Gated Communities; liegen oft fernab von anderen Siedlungen
- Europa: Alter wird eher im Ausland verbracht
- Gründe: langsame Ausgliederung aus bestehenden Sozialbeziehungen, Möglichkeit eines Kontaktnetzes zu Gleichaltrigen

2.4.3 Die Differenzierung innerhalb großstädtischer Agglomerationen

- Segregationsindex kann innerstädtische Segregationsunterschiede erfassen:
    - ➤ Die **altersmäßige Segregation** schwankt in den einzelnen *metropolitan areas* erheblich
    - ➤ Im zeitlichen verlauf ist eine leicht ansteifende Tendenz zu erkennen
    - ➤ Neben lokalen Besonderheiten, wie z.B. einer Häufung von militärischen Einrichtungen oder von Bildungsstätten, und den dadurch gegebenen, weit überproportionalen Anteilen bestimmter Jahrgangsgruppen wird das Ausmaß der altersmäßige Segregation in erster Linie von der differierenden Bevölkerungsentwicklung bestimmt
- höchste Segregationswerte treffen bei den 65-jährigen und älteren auf, wobei zentrumsnahe Wohnviertel besonders überaltert sind
- innenstadtnahe Wohngebiete können aufgrund hoher Ausländer- bzw. Migrantenverteilung eine hohe Kinderkonzentration aufweisen
- die Berechnung von Indexwerten sagt über das **räumliche Verteilungsbild** im Einzelnen nichts aus; in der Regel, Abnahme von innen nach außen
- Zusammenhang zwischen räumlicher Mobilität und **Veränderung im Familienlebenszyklus**
- Beziehungen zwischen Lebenszyklus und Wanderungsverhalten besitzen eine räumliche Komponente, dass sich junge Ein- und Zweipersonenhaushalte, unter denen sich

besonders viele neu in die Stadt zugezogene Menschen befinden, bevorzugt eine Wohnung nahe dem Stadtkern suchen

2.5 Bevölkerungszusammensetzung nach wirtschaftlichen und sozialen Merkmalen

- Coates: „Wir leben in einer ungleichen Welt!" → Ausgangspunkt einer Forschungsrichtung, die die Beschäftigung mit den Ursachen und Konsequenzen gesellschaftlicher und räumlicher Ungleichheiten in den Mittelpunkt des geographischen Interesses rückt
- *Welfare geography* oder *geography of social well-being* lenkt das Augenmerk auf unerwünschte, weil ungleiche Lebenschancen verkörpernde Komponenten interregionaler Ungleichheiten, die wir als räumliche Disparitäten bezeichnen → räumliche Ungleichwertigkeit der Lebensbedingungen im Sinne eines absoluten Schlechtergestellsein einzelner Regionen
- Bei *welfare geography* steht der Mensch selbst und die Verbesserung seiner Lebensumstände im Zentrum aller Forschungsanstrengungen
- auf drei Betrachtungsebenen wird nach der Differenzierung von Lebenschancen gefragt:
    - internationale Ebene thematisiert weltweite Unterschiede der Lebensbedingungen
    - regionale Ebene erfasst nationale Disparitäten
    - lokale Ebene interessiert sich interessiert sich für inter- und intraurbane Ungleichwertigkeiten
- Frage nach den Instrumenten und Strategien zum Abbau der Unterschied wird aufgeworfen und es werden die dabei auftretenden Zielkonflikte und Grenzen zu identifizieren versucht

2.5.1 Regionalisierung der Erde nach der Erwerbsstruktur und dem Entwicklungsstand der Länder

- Kluft zwischen armen und reichen Länder, zwischen Gesellschaften des Überflusses und des Mangels hat sich bis heute nicht verrIngert; Ist eher noch breiter geworden
- Definition und Charakterisierung von Entwicklungsland mit wenigen Sätzen nicht möglich
- **Definition im statistischen Sinne**: danach werden zu den Industrieländern (more developed countries) alle europäischen Staaten einschließlich Russland, Nordamerika, Japan sowie Australien und Neuseeland gerechnet
- zu den Entwicklungsländern (less developed countries) zählen Afrika, Lateinamerika, Asien (bis auf Japan) und Ozeanien bis auf (Australien und Neuseeland)
- rein **ökonomischer Entwicklungsbegriff**: Entwicklung wurde mit „wirtschaftlichem Wachstum" im Sinne einer Steigerung der Produktionsleistung einer Volkswirtschaft gleichgesetzt
- **gesellschaftspolitischer Entwicklungsbegriff**: auch politische, soziale und kulturelle Aspekte werden miteinbezogen, die nicht automatisch mit wirtschaftlicher Entwicklung und nicht mit wirtschaftlichem Wachstum verbunden sind
- Weltbank differenziert low, middle und high income countries
- **Höhe des Bruttosozialproduktes pro Kopf**: veranschaulicht auf internationaler Ebene die extremen Unterschiede hinsichtlich Wohlstand und Einkommen
- Bruttosozialprodukt aller Staate betrug 2002 31.500 Mrd. US-Dollar; low income countries hatten nur einen Anteil von 3,4% daran, high income countries hatten einen Anteil von 80,6%

- **Anteil der Analphabeten**: nicht alle reichen Staaten weisen eine geringe Analphabetenrate aus; Unterschiede zwischen materiellem Wohlstand und unzureichendem Ausbildungsstand ist zum Teil noch sehr hoch (z.B. Ölstaaten in Afrika und am Persischen Golf)
- Osteuropa, Lateinamerika: gutes Schulwesen, aber niedriges durchschnittliches Einkommen
- im tropischen Regenwald zählen mehr als 70% zu den Analphabeten
- **Human Development Index**: setzt sich aus frei grundlegenden Komponenten menschlicher Entwicklung zusammen: Lebensdauer, Wissen und Lebensstandard
- Aufgliederung der **Erwerbstätigen nach einzelnen Wirtschaftszweigen**
- Drei-Sektoren-Hypothese von Fourastié: Erweiterung der idealtypischen Verschiebung der Beschäftigtenanteil innerhalb der drei Wirtschaftssektoren zu einer komplexen Theorie der wirtschaftlichen und sozialen Entwicklung
- Ausgangspunkt ist der technische Fortschritt, der eine höhere Produktivität ermöglicht und damit eine Veränderung der Lebensweise
- **Veränderung in der Beschäftigungsstruktur**: im vorindustriellen Zustand arbeiten 80% im primären Sektor; während der Übergangsperiode nimmt der Beschäftigtenanteil im sekundären Sektor auf 40 und mehr Prozentpunkte zu, fällt jedoch anschließend wieder ab; gleichzeitig: Anteil der Urproduktion geht auf 10% zurück, Prozentpunkte im tertiären Sektor steigen rasant an
- guter Indikator für die Aufschlüsselung der Erwerbspersonen ist ihre **Stellung im Beruf**: Landwirtschaft nahm ab, Anteil von Beamten und Angestellten wächst, Arbeiteranteil blieb lange konstant, zeigt jetzt aber einen deutlichen Rückgang
- **wirtschaftsstrukturelle Differenzierung** auf internationaler Ebene
- es ist nur eine geringe Beziehung zwischen dem wirtschaftlichen Entwicklungsstand und der Erwerbsquote nachweisbar
- unterschiedliche Beteiligung der weiblichen Bevölkerung am Erwerbsleben ist von der Stellung der Frau abhängig
- dass in allen Industrieländern die Erwerbsbeteiligung der Frauen gegenüber derjenigen der Männer überproportional zugenommen hat, erklärt sich in erster Linie aus der angestiegenen Erwerbsquote verheirateter Frauen, von denen jedoch viele nur teilzeitbeschäftigt sind
- **Beschäftigungsanteile im Dienstleistungsbereich**
- hinsichtlich einer Entfaltung der Dienste stehen die USA und Schweden mit Werten von 70% Dienstquote
- Mittlere Rangplätze nehmen Länder Süd- und Osteuropas, südamerikanische Staaten und vorderasiatische Länder ein
- am Anfang der Entwicklung stehen Teile Afrikas und einzelne Länder Süd- und Ostasiens
- **Umschichtungen zwischen den großen Wirtschaftssektoren**
- USA mustergültig nach dem Schema
- **mehrdimensionaler Ansatz** ist zur Kennzeichnung des Entwicklungsstandes einzelner Länder am geeignetsten
- UN hat mehrdimensionalen Ansatz gefunden und eine Listen von 73 ökonomischen und sozialen Variablen festgesetzt
- **Typisierung der Länder nach ihrem Entwicklungsstand** (Berry): es werden mehr oder weniger umfangreiche Indikatorenkataloge zusammengestellt und mit verschiedenen Theorieansätzen in Verbindung gebracht
- berücksichtigten Aspekte: Bevölkerungswachstum, Lebenserwartung, Altersgliederung, Kalorien- und Proteinverbrauch, Erwerbsstruktur, wirtschaftliche Stabilität…

- Faktorenanalyse als statistisches Hilfsmittel: ermöglicht es, komplexe Strukturen, die durch sehr viele Merkmale bestimmt sind, auf ein einfacheres Schema zurückzuführen, das sich durch sehr viel weniger Größen beschreiben lässt

2.5.2 Der sozialökologische Ansatz als Beispiel für eine kleinräumige Analyse der Bevölkerungsstruktur

- **humanökologischer Ansatz**: klassische Position der Chicagoer Schule;
- Übernahme von Darwin: „Kampf ums Dasein"
- in einer arbeitsteiligen Gesellschaft bildet der Wettbewerb (struggle for existence, survival of the fittest) die grundlegende Form zwischenmenschlicher Internaktionen, die die soziale Organisation und die räumliche Verteilung von Menschen und menschlicher Aktivitäten bestimmt
- Prozess des Wettbewerbs tendiert laut Park auf einen Gleichgewichtszustand hin; das Gleichgewicht wird bei einem raschen Bevölkerungswachstum gestört und es kommt zu einer erneuten Intensivierung des Wettbewerbs, zu einer weitergehenden Arbeitsteilung und zu einem mehr oder weniger stabilen Gleichgewicht
- grundlegende Bedeutung in humanökologische Konzept hat die Abgrenzung der Analyse sog. natural areas (= ökologische Gebietseinheiten mit einer speziellen Eigenschaft, durch die sie sich hinreichende von ihrer Umgebung abheben)
- **sozialräumliche Differenzierung** von Großstädten
- drei Grunddimensionen sozialräumlicher Differenzierung:
  - ➤ *social rank/economic status*
  - ➤ *urbanization* (family status)
  - ➤ *segregation* (ethnic status)
- jeden Konstrukt werden Zensusvariablen zugeschrieben
- aus ein bis drei Merkmalen werden Indizes gebildet, die damit jeweils Dimension des *social space* beschreiben
- Beruf, Bildung und Einkommen bzw. Miete sind dabei für die Einstufung der Stadtbezirke hinsichtlich des ökonomischen Status maßgebend
- Fruchtbarkeit, weibliche Erwerbsquote und der Anteil von Einfamilieneigenheimen kennzeichnen den Familienstatus; Konzentration von Minoritäten beschreibt den ethnischen Status
- aus einer Zusammenfassung von social space entstehen social areas
- Faktorenanalyse scheint zur Bearbeitung von zwei Problemen besonders gut geeignet:
  - ➤ um die theoretisch abgeleiteten Konstrukte der Sozialraumanalyse empirisch zu überprüfen
  - ➤ um der Frage nach der „Unabhängigkeit" zwischen den einzelnen Beschreibungsdimensionen nachzugehen
- „Sozialer Rang" und der „Familienstatus" sind als grundlegende, untereinander nur geringfügig korrelierende Beschreibungsskalen der Wohnstanddifferenzierung anzusprechen
- bisher Sozialgefälle vom Kern zum Rand; nun langsame Auflösung des Musters
- duales Muster: höherwertige Wohnviertel in Teilen des Stadtzentrums und in südlicher Peripherie

2.6 Rassisch-ethnischer und kultureller Pluralismus

2.6.1 Die großen Rassenkreise, Sprachgruppen, Religionen und Kulturreligionen

- Aufgabe einer bevölkerungsgeographischen Raumanalyse: Ausarbeitung und Charakterisierung von grundlegenden kulturellen Strukturen eines Gebietes sowie Aufzeigen ihrer demographischen Folgewirkungen
- im kulturellen Erbe einer Region begründete Faktoren vermögen nicht nur zur Erklärung unterschiedlicher Bevölkerungsverteilungen und –dichten beizutragen, sie stehen auch in enger Beziehung zu demographischen, sozialen und wirtschaftlichen Sachverhalten und bestimmen bis zu einem gewissen Grad das generative Verhalten und die räumliche Mobilität der Bevölkerung
- „kulturräumlicher Ansatz" stößt auf Schwierigkeiten, da der Begriff Kultur sehr komplex ist
- unter Kultur im weiteren Sinne versteht Hambloch, was der Mensch dank seiner geistige und handwerklichen Fähigkeiten aus der natürlichen Umwelt gemacht und ihr auf Dauer hinzugefügt hat
- Kriterien zur Erfassung kultureller Unterschiede:
  - ➢ Ein Merkmal reicht nicht aus, man muss sich auf Merkmalskombinationen beziehen
  - ➢ Vielfalt und Verschiedenartigkeit menschlicher Kultur bringt es mit sich, dass es nur wenige universell anwendbare Indikatoren gibt
  - ➢ Erscheinungsformen und Attribute einer Kultur zur Kennzeichnung einer andern Kultur sind oft wenig geeignet
  - ➢ Für weltweite Vergleiche wird man andere Gesichtspunkte heranziehen müssen als für eine kleinräumige Differenzierung
  - ➢ Einigkeit: Sprache und Religion gehört zu den zentralen Bestandteilen und Ausdrucksformen jeder Kultur; Sprache wird über das kulturelle Erbe weiter gegeben und Religion entscheidet über Denken und Handeln
- Ethnie: Gruppe von Personen, die derselben Kultur angehören und sich dessen auch bewusst sind
- Völker leite ihre Identität aus einer gemeinsamen Herkunft im Sinne einer bestimmten rassischen Abstammung ab
- **Rassengliederung der Menschheit**
- Vielfalt des Menschengeschlechts lässt sich auf eine Wurzel zurückführen; Rassen sind Untergruppen dieses Menschenstammes
- Klassifikation nach Rasse ist schwierig, da es zahlreiche Überlappungen gibt
- Drei Rassenkreise:
  - ➢ **Europiden** (Gruppe der Weißen)
  - ➢ **Negriden** (Gruppe der Schwarzen)
  - ➢ **Mongoliden** (Gruppe der Gelben), einschließlich der aus diesen hervorgegangenen Indianiden
- das gegenwärtige **Verteilungsbild der großen Rassengruppen** stimmt nur noch in Teilen mit ihren Ursprungsgebieten überein
- schon früh fanden weiträumige Wanderungen statt, in deren Folge es zu einer Ausbreitung, aber auch zu einer Überschichtung verschiedener rassischer Gruppierungen gekommen ist
- Beziehung zwischen den einzelnen Rassegruppen und die Formen des Zusammenlebens können sehr verschieden sein

- bei einer **Klassifizierung der Weltbevölkerung nach einzelnen Sprachen** kann ein höheres Maß an Genauigkeit erreicht werden, als es bei der Untergliederung nach rassischen Gesichtspunkten der Fall ist
- Probleme der Zuordnung, weil Muttersprache nicht gleich der Landessprache ist
- Weltweit 3.00 Sprachen und 7.000 Dialekte
- Grobeinteilung der Sprachen nach „Sprachstämmen" und „Sprachfamilien"; an der Spitze liegt chinesisch und dann englisch
- Beziehung zwischen Sprache und Kultur ist eng und vielfältig; Kultur eines Volkes drückt sich in seiner Sprache aus, aber Sprache beeinflusst auch das Denken und Handeln
- Sprachzugehörigkeit wird herangezogen, um die **ethnische Struktur** einzelner Staaten zu kennzeichnen
- weltweit gibt es 1.250 Ethnien
- es ist nur zum Teil eine Übereinstimmung der sprachlichen Charakteristika gegeben
- ethnischer Pluralismus ist für solche Gebiete kennzeichnend, die von der europäischen Kolonisation überformt wurden; dazu zählen Teile Lateinamerikas, Südostasiens und Afrikas
- in diesen Räumen lassen sich vier verschiedene ethnisch-sprachliche oder ethnisch-rassische Gruppierungen nachweisen:
    - Die einheimischen Bevölkerungsgruppen, von denen besonders in Afrika oft zwei oder mehr in einem Staat zusammenleben, obwohl zwischen ihnen tief greifende Gegensätze bestehen
    - Die europäischen Siedler, Laufleute und Verwaltungsbeamten, die allerdings nach der Unabhängigkeit der Staaten teilweise wieder in ihre Heimat zurückkehrten
    - Die Schwarzen und anderen Farbigen, die als Sklaven, später auch als Kontraktarbeiter dorthin gekommen sind
    - Die neu entstandenen Mischlingsbevölkerungen, die sich in Lateinamerika sogar zur zahlenmäßig beherrschenden Gruppe entwickelten
- meist geht mit der ethnischen Heterogenität auch eine große Vielfalt im religiösen, wirtschaftlichen und sozialen Bereich einher und es leiten sich daraus eine ganze Reihe von Unterschieden im generativen und Mobilitätsverhalten ab
- Religion und Glaube gehören zu den zentralen Elementen einer Kultur
- Religion wurde geschichtlich beeinflusst, beeinflusst aber auch selbst (z.B. Kastenwesen)
- Ursprünge aller Religionen im westlichen und südlichen Asien
- Heute: 2 Mrd. Christen, 1,2 Mrd. Moslems, 0,8 Mrd. Hindus
- Religiöser Pluralismus oft Ursache für Konflikte und Spannungen; Prägungen in der Landschaft durch Kulturbauten sichtbar
- Gliederung der Erde in **Kulturerdteile**: Kulturräume subkontinentalen Ausmaßes (Kolb)
- Huntington: *clash of civilization*: neue globale Konflikte auf der Basis kulturell-religiös-geschichtlicher Antagonismen
- Newig/Huntington: Kulturkreise
- Spencer/Thomas: *culture worlds*
- Hinweise:
    - Kulturerdteile sind „abstrakte, gemachte Raumkonstruktionen", die auf bestimmten Prämissen beruhen
    - Zwischen den einzelnen Kulturerdteilen lassen sich nur selten klare und eindeutige Grenzlinien festlegen, denn in vielen Teilen der Erde ist es zu einer Überlagerung und Vermischung der Kulturen gekommen

> Die Ausgliederung von nur 11 großen Kulturregionen stellt eine sehr weitgehende Generalisierung dar
> Jede kartographische Darstellung kann immer nur einen augenblicklichen Zustand erfassen

2.6.2 Beispiele regionaler und lokaler Überlagerungen und Segregationserscheinungen

- rassische Zusammensetzung der Bevölkerung der USA:
    > Weiße
    > Nicht-Weiße: Schwarze, amerikanische Indianer, Asiaten
    > Hispanics
- schwarze Bevölkerung stammt von den aus Afrika verschleppten Sklaven ab
- Segregation nach Rassen in Ballungsräumen
- Prozess der Ghettobildung
- Taeuber/Taeuber:
    > Hoher Segregationsgrad lässt sich in allen Städten nachweisen, unabhängig von ihrer Größe, ihrer Zugehörigkeit zum Norden oder Süden und ihres höheren oder geringeren Minoritätenanteils
    > Räumliche Segregation der Schwarzen ist im Allgemeinen größer als diejenige anderer Minderheiten
    > Überall nahm die Segregation zwischen 1910 und 1940 erheblich zu, seitdem ist ein gewisser Stillstand und erst ab 1970 teilweise ein Rückgang zu beobachten, der allerdings meist nicht sehr bedeutsam ist
    > Wirtschaftliche Faktoren und persönliche Präferenzen erklären die Segregation nur zum Teil. Die Diskriminierung auf dem Wohnungsmarkt hat zwar seit dem Civil Rights Act von 1968 abgenommen, besteht jedoch vor allem auf der privaten Ebene fort
- **kulturräumliche Gliederung Mittelamerikas**
- Überlagerung und Vernichtung der indianischen Kultur
- Aufteilung Mittelamerikas in zwei große Kulturräume: dem europäisch-indianischen *mainland* (zentrales Hochland und pazifische Seite der Landbrücke) steht das europäisch-afrikanische *rimland* (Saumland) gegenüber

3. Räumliche Aspekte der natürlichen Bevölkerungsbewegung

- stetige Veränderung des Bevölkerungsstandes: Geburten, Sterbefälle, Wanderungen
- diese Vorgänge haben Einfluss auf die Zusammensetzung und Verteilung der Bevölkerung
- in welche Richtung und in welchem Umfang der Bevölkerungsprozess die Zahl der in einem Gebiet lebenden Menschen verändert, hängt vom Zusammenwirken zweier Einflussgrößen ab:
    > Erneuerung der Generationen durch Geburten- und Sterbefälle
    > Zu- und Abwanderungen über die Gebietsgrenzen
- **demographische Grundgleichung**: $P_{t+n} = P_t + B_{t,t+n} - D_{t,t+n} + I_{t,t+n} - E_{t,t+n}$
- Gleichung hat folgende Aussage: bei einem gegebenen Bevölkerungsstand für einen beliebigen Zeitpunkt t errechnet sich die Bevölkerungszahl für den Zeitpunkt t+n aus dem Zuwachs durch Geburtenrate und Zuwanderungsrate sowie der Abnahme durch Sterbefälle und Abwanderungen
- „natürliche Bevölkerungsbewegung": Bevölkerungsveränderung durch Geburten- und Sterbefälle

3.1 Statistische Maße zur Kennzeichnung der natürlichen Bevölkerungsbewegung

- **Fruchtbarkeit** (Fertilität) und **Sterblichkeit** (Mortalität) sind die beiden Teilprozesse der natürlichen Bevölkerungsbewegung
- Fertilität und Mortalität unterscheiden sich in statistischer Hinsicht grundlegend:
  - ➢ Das Sterben ist ein sich in jedem Leben mit Sicherheit vollziehendes Ereignis, während nicht jede Frau Kinder zur Welt bringt
  - ➢ Sterben kann jeder nur einmal, dagegen kann eine gebärfähige Frau mehrmals Kinder bekommen

3.1.1 Möglichkeiten der Mortalitätsmessung

- **allgemeine (rohe) Sterbeziffer bzw. Todesrate**: $CDR = D/P*1.000$
- D = Zahl der Sterbefälle im betrachteten Kalenderjahr
- P = Bevölkerungszahl zur Jahresmitte
- rohe Todesrate ist in den letzten Jahren in Deutschland erheblich zurückgegangen; schwankt in den westeuropäischen Ländern zwischen 8% und 11%
- allgemeine Sterbeziffer sagt wenig über die Lebensbedingungen und Überlebenschancen aus weil sie von er Altersstruktur beeinflusst wird
- **altersspezifische Sterbeziffern**
- **Säuglingssterblichkeit** wird gesondert ausgewiesen: Anzahl gestorbener Säuglinge dividiert durch Lebendgeborene im Kalenderjahr
- höhere Sterblichkeit der Männer in fortgeschrittenem Alter
- **Einführung standardisierter Maßzahlen**
- Unterscheidung zwischen Generationen- und Periodensterbetafeln
- **Generationen- oder Längsschnittsterbetafeln** beruhen auf den Sterblichkeitsverhältnissen einer einzigen Generation oder Geburtenjahrgangsgruppe während ihres gesamten Lebensablaufs; eine solche Tafel kann erst dann erstellt werden, wenn alle Mitglieder der betrachteten Generation gestorben sind
- **Perioden- oder Querschnittssterbetafel** geht von den beobachteten Sterblichkeitsverhältnissen in einem bestimmten Berichtszeitraum aus
- für jedes vollendete Lebensjahr ist aus einer Sterbetafel zu entnehmen:
  - ➢ die Zahl der Überlebenden auf die „fiktive" Ausgangsmasse
  - ➢ die Wahrscheinlichkeit, zwischen dem betrachteten und dem nächstfolgenden Lebensjahr zu sterben
  - ➢ die durchschnittliche Lebenserwartung im betrachteten und nächstfolgenden Alter und insbesondere die mittlere Lebenserwartung bei der Geburt
  - ➢ die wahrscheinliche Lebenserwartung
- wichtige Grundlage für die Beurteilung von Mortalitätsveränderungen und ihre Bestimmungsgründen vermittelt die Aufschlüsselung der **Sterbefälle nach den wichtigsten Todesursachen**
- Entwicklungsländer: Infektionskrankheiten
- Industrieländer: Herzerkrankungen, Geschwülste

3.1.2 Heiratsraten und Fertilitätsmaße

- Fertilität ist ein komplexeres Phänomen als die Mortalität, da eine Frau mehrere Geburten haben kann
- in den meisten Ländern ist Ehe Voraussetzung für Kinder (Zeit weit nach biologischer Reife)
- gebräuchlichsten Maße beziehen sich auf **Ehrschließungen und Ehelösungen** (Nuptialität)

- Berechnung der allgemeinen Eheschließungsziffer (rohe Heiratsrate): Zahl der Eheschließungen auf 1.000 der mittleren Bevölkerung
- für eine Beurteilung der Fertilität sind Heiratsziffern nur von begrenztem Wert
- wichtigere und einer direkten Interpretation zugängliche Informationen liefern Angaben zum Anteil verheirateter Personen in bestimmten Altersjahrgängen und zum Heiratsalter selbst
- heiratsbezogene Ziffer steht der Statistik der Ehelösungen gegenüber
- drei Formen gerichtlicher Ehelösung: Ehescheidung, Nichtigkeitserklärung und Eheaufhebung
- zwei Methoden für **direkte Fruchtbarkeitsmessung**:
    - ➢ Ermittlung von Fertilitätsraten: Anzahl der in einem Kalenderjahr lebendgeborenen Personen auf die Gesamtbevölkerung oder auf Teilgruppen der Bevölkerung bezogen
    - ➢ Kumulative Betrachtung der Fertilität: dabei wird für eine fiktive Ausgangsmasse die Anzahl der lebendgeborenen Kinder bis zu einem bestimmten Lebensalter oder währen des ganzen Lebens ermittelt
- **rohe (allgemeine) Geburtenrate** („crude birth rate"): CBR = B/P*1.000 B = Zahl der Lebendgeborenen im betrachteten Kalenderjahr P = Bevölkerung zur Jahresmitte
- **allgemeine Fruchtbarkeitsrate**: Geburten auf Frauen im gebärfähigen Alter bezogen
- **zusammengefasste Geburtenziffer** oder **totale Fruchtbarkeitsrate**: Addition altersspezifischer Geburtenziffern
- zusammenfassende Kennziffer zur Charakterisierung der Fruchtbarkeit einer Bevölkerung und kumulatives Fertilitätsmaß, denn sie gibt an, wie viele Kinder eine Frau im Laufe ihrer reproduktiven Periode durchschnittlich zur Welt bringen würde
- **Tempo-Effekt**: ein Aufschieben der Geburten, wie in vielen Industrieländern zu beobachten ist, führt zu geringeren, eine Verminderung des Durchschnittsalters bei den Geburten zu höheren Werten
- **Bruttoreproduktionsrate**: errechnet sich aus der Summe altersspezifischer Geburtenraten, wobei aber jeweils nur die weiblichen Geburten berücksichtigt werden
- Bruttoreproduktionsrate dient als Hilfsmittel, um die Reproduktionskraft einer Bevölkerung zu beurteilen; sie misst, inwieweit die Zahl der von einer Mütterintegration zur Welt gebrachten Töchter ausreicht, um den Bestand dieser Frauen zu ersetzen
- **Natürliche Fruchtbarkeit**: diejenige Fruchtbarkeit, die sich ohne eine bewusst getriebene Geburtenkontrolle ergibt; beeinflusst von Heiratsalter, Gesundheitszustand, generativem Verhalten etc.
- sie ist geringer als die biologisch mögliche Fruchtbarkeit
- die Fruchtbarkeit und insbesondere die eheliche Fruchtbarkeit ist in Westeuropa trotz eines Anstieges der Verheiratetenanteile in den letzten 100 Jahren zurück gegangen

3.1.3 Maße zur kombinierten Erfassung von Mortalität und Fertilität

- Geburtenüberschuss = Differenz aus Geborenen- und Gestorbenenzahlen eines Jahres
- Differenz aus Sterbe- und Geburtenziffer ist die **Geburtenüberschussziffer**
- **Demographische Umsatzziffer**: Addition von geburten- und Sterbeziffer
- vier Wachstumstypen:
    - ➢ Wertepaare aus hohen Geburten- und Sterberaten
    - ➢ Wertepaare aus hohen Geburten- und niedrigen Sterberate
    - ➢ Wertepaare aus niedrigen Geburten- und Sterberaten
    - ➢ Wertepaar aus niedrigen Geburten- und hohen Sterberaten

- **Nettowanderungsrate**: Geburtenüberschussziffer und jährliche Zuwachsrate der Bevölkerung
- hohe Geburtenüberschüssen können sich daraus ergeben, dass starke Geburtenjahrgänge in das reproduktive Alter kommen; niedrige Geburtenüberschüssen können das Ergebnis eines relativ geringen Anteils von Frauen im gebärfähigen Alter sein
- **Nettoreproduktionsrate** misst die durchschnittliche Anzahl lebendgeborener Töchter, die eine hypothetische Generation von üblicherweise ursprünglich 100.000 weiblichen Personen im Laufe ihres Lebens gebären würden, wenn sich weder die zugrunde gelegten altersspezifischen Geburten- noch die altersspezifischen Sterbeziffern veränderten
- aus der Nettoreproduktionsziffer können keine Prognosen über die zukünftige Bevölkerungsentwicklung abgeleitet werden

3.2 Mortalität

3.2.1 Internationale Kontraste

- geringe Disparitäten bei der allgemeinen Sterbeziffer
- in Europa, Asien, Nordamerika, Lateinamerika und Australien bestehen keine bedeutenden Unterschiede, nur im tropischen Afrika und in wenigen afrikanischen Staaten sind die Werte ein wenig erhöht
- betrachtet man die **mittlere Lebenserwartung** und **Säuglingssterblichkeit**, so differenziert sich das Bild erheblich
- es ergeben sich vier Ländergruppen:
  - ➢ Länder mit einer extrem niedrigen Lebenserwartung (unter 50 Jahren) und einer außergewöhnlich hohen Säuglingssterblichkeit: tropisches Afrika, Afghanistan, Haiti; in AIDS-Ländern ist die Lebenserwartung sogar unter 40 gefallen
  - ➢ Länder mit einer niedrigen Lebenserwartung (50-60) und einer noch immer hohen Säuglingssterblichkeit (um 50‰): afrikanische sowie süd- bzw. südostasiatische Länder
  - ➢ Länder mit einer mittleren Lebenserwartung (60-70) und einer noch immer hohen Säuglingssterblichkeit: Lateinamerika, viele orientalische und südostasiatische Staaten, Russland, Nachfolgestaaten der Sowjetunion
  - ➢ Länder mit hoher Lebenserwartung (über 70) und einer niedrigen Säuglingssterblichkeit (unter 20‰): europäische Länder, Nordamerika, Australien, Neuseeland, Japan, lateinamerikanische Staaten, größere Staaten Asiens
- nicht so ein starker Gegensatz zwischen Industrie- und Entwicklungsländern, sondern zwischen Europa und der gesamten neuen Welt auf der einen Seite sowie dem afrikanisch-südasiatischen Raum auf der anderen Seite
- zwischen den Großräumen ergeben sich Differenzen von 40 Jahren und mehr; Unterschied zwischen Industrie- und Entwicklungsländer betragt nur 13 Jahre
- Grund: in vielen Entwicklungsländern gibt es spektakuläre Verbesserungen der Lebenschancen
- drei große Wellen bei der **Zunahme der Lebenserwartung**:
  - ➢ 1. Welle: 19. Jh. Im westlichen Europa, in Nordamerika und Australien
  - ➢ 2. Welle: nachhaltige Verlängerung der Lebenserwartung in den Ländern Südost- und Südeuropas; jährliche Zuwachsraten überstiegen seit dem 20. Jh. Die der nordwesteuropäischen Staaten und führten zu einer weitgehenden Angleichung der Sterblichkeitsverhältnisse
  - ➢ 3. Welle: schnelle Sterblichkeitsverbesserungen in den Mehrzahl der Entwicklungsländer nach dem zweiten Weltkrieg

- mögliche **Gründe für die revolutionäre Verbesserung der Überlebenschance**:
    - ➤ von einem Niveau nahezu konstanter und hoher Sterblichkeit setzte eine zunächst progressiv schneller werdende, später langsam auslaufende Abnahme ein
    - ➤ fast alle Entwicklungsländer konnten während der Phase ihrer schnellsten Sterblichkeitssenkung eine durchschnittliche jährliche Zunahme der Lebenserwartung von oft mehr als einem Jahr, verschiedentlich sogar mehr als zwei Jahren erreichen
    - ➤ die Abnahme der Sterblichkeit in den Entwicklungsländern erfolgte außerordentlich kontinuierlich
    - ➤ Sterblichkeitsrückgang resultierte überwiegend aus der erfolgreichen Bekämpfung einiger weniger Krankheiten
- schnelle und kontinuierliche Sterblichkeitssenkung in der Dritten Welt ist hauptsächlich das Resultat **exogener Einwirkung**
- Konsequenzen der **AIDS-Ausbreitung**: erheblicher Anstieg der Sterblichkeit, gravierende altersstrukturelle Verschiebungen, Bevölkerungswachstum wird sich abschwächen oder negativieren
- in vielen Entwicklungsländern lässt sich das Sterblichkeitsniveau allein durch exogene Einflussfaktoren nur noch unwesentlich verbessern
- es bedarf einer Verbesserung der **endogenen Voraussetzungen** (Ernährung, öffentliche und private Hygiene, Wohnverhältnisse und Kleidung, Bildungsniveau und Stellung der Frauen und Mütter)

3.2.2 Ablauf und Bestimmungsgründer des Sterblichkeitsrückgangs in Europa

- **Wandel der Sterblichkeitsverhältnisse** lässt sich sowohl in Bezug auf ihre absolute Höhe als auch hinsichtlich ihrer krankheitsspezifischen Ursachen in drei Hauptphasen gliedern:
    - ➤ Zeit hoher und stark fluktuierender Mortalität: 18. Jahrhundert; erhebliche Schwankungen durch Ausbrüche von Seuchen
    - ➤ Übergangsphase von hoher zu niedriger Mortalität, die sich ihrerseits wieder in zwei Abschnitte untergliedert:
        - ▪ Rückgang der „Krisenmortalität": große Seuchen blieben immer mehr aus
        - ▪ Kontinuierlicher Mortalitätsrückgang: Überlebenschancen besserten sich unabhängig vom Ausbleiben katastrophaler Ereignisse
    - ➤ Die Zeit gleich bleibender Mortalität: nach schneller Verbesserung ist bis heute eine andauernde Phase geringfügiger Fortschritte; Verbesserungen traten nur bei der Säuglings- und Alterssterblichkeit ein
- bezieht man die Geschwindigkeit der Transformation mit ein, unterscheidet man zwischen dem „normalen" Ablauf (westliche Industrieländer), *accelerated transition* (Japan, ehemalige Sowjetunion) und *delayed transition* (ärmere Staaten der dritten Welt)
- **vorherrschende Todesursachen** haben sich entscheidend gewandelt
- Bestimmungsgründe für den Sterblichkeitsrückgang:
    - ➤ Ökobiologische Determinanten: sehr komplexes Zusammenwirken von Krankheitsüberträgern, Umweltbedingungen und Widerstandsfähigkeit des Menschen
    - ➤ Sozio-ökonomische, politische und kulturelle Determinanten: Verbesserungen im Lebensstandard, insbesondere der Ernährungslage, und Veränderungen auf dem Gebiet öffentlicher und privater Hygiene

> Medizinische Determinanten: Maßnahmen der präventiven und kurativen Medizin sowie Fortschritte im öffentlichen Gesundheitswesen
- in den Entwicklungsländern begründet sich der Rückgang der Mortalität auf medizinisch-technische Maßnahmen
- **Frühphase der Mortalitätssenkung** ist in Europa dadurch gekennzeichnet, dass die großen Plagen der Menschheit immer seltener auftraten
- **Veränderung der Lebensweise** hat ebenfalls Einfluss z.B. das Erlöschen der Pest
- mögliche Beziehungen zum Rückgang der Sterblichkeit:
    > Veränderungen in der Landwirtschaft durch neue Anbaufrüchte und Ackergeräte sowie eine verbesserte Düngung, die zu einer erheblichen quantitativen und qualitativen Verbesserung der Ernährungsbasis führt
    > Fortschritte im Transportwesen, durch die es möglich wurde, bei Missernten Nahrungsmittel aus anderen Regionen herbeizuschaffen
    > Technische Neuerungen auf dem Gebiet der Hygiene, die insbesondere die Wasserversorgung und Fäkalienbeseitigung und die Verarbeitung von Nahrungsmitteln betrafen und womit es gelang, die Übertragung von Infektionskrankheiten erheblich einzuschränken
- bis in die zweite Hälfte des 19. Jahrhunderts wurden die **Verbesserungen der Ernährungslage** und die dadurch gesteigerte Widerstandsfähigkeit der Menschen und erst anschließend **Fortentwicklungen im hygienischen und sanitären Bereich** wirksam

3.2.3 Interregionale Sterblichkeitsunterschiede

- **räumliche Disparitäten innerhalb eines Landes** sind in den Industriestaaten bei weitem nicht so ausgeprägt wie in den Entwicklungsländern
- in der **Dritten Welt** ist ein auffälliger Stadt-Land-Gegensatz zu beobachten
- für die höhere Lebenserwartung in den großen Ballungsräumen und ihrer Umgebung kann eine Überlagerung von zwei Faktorengruppen verantwortlich gemacht werden:
    > medizinisch-technische Maßnahmen lassen sich in großen Städten am einfachsten einleiten
    > Nahrungsmangel ist in der Stadt infrastrukturell leichter ausgleichbar
- Erklärungsansätze für unterschiedliche Lebenserwartung in Deutschland:
    > Verfügbarkeit, Inanspruchnahme und Qualität medizinischer Leistung haben – anders als in Entwicklungsländern - keinen größeren Einfluss und können sich allenfalls auf einzelne krankheitsspezifische Mortalitätsraten auswirken
    > Anthropogene, zivilisations- und technikbedingt Umweltbelastungen stellen einen Risikofaktor dar, der sich aber oft nur schwer belegen lässt
    > Faktor Lebensstil steht für gesundheitsrelevante Verhaltensweisen in den Bereichen Ernährung, Nikotin-, Alkohol- und Drogenkonsum, körperliche Bewegung
    > Ungünstige Bedingungen der sozio-ökonomischen Umwelt führen dazu, dass schwächere Sozialschichten mit einer durchschnittlich geringeren Lebenserwartung stärker vertreten sind, während für günstigere Wohn- und Umfeldbedingungen der umgekehrte Sachverhalt zutrifft

3.3 Heirat und Fertilität

3.3.1 Vergleich zwischen Industrie- und Entwicklungsländern
- **allgemeine Geburtenrate** hängt vom Altersaufbau der Bevölkerung ab
- **totale Fertilitätsrate** (TFR): hat den Vorzug, dass sie vom Altersaufbau unabhängig ist und daher eine wesentlich bessere Grundlage zur Beurteilung des generativen Verhaltens bildet als die rohe Geburtenrate
- vier Länderkategorien:
    - Länder mit extrem hohen Geburten und Fruchtbarkeitsraten (TFR > 5,5): tropisches Afrika
    - Länder mit mittlerem bis hohem Geburten- und Fruchtbarkeitsniveau (TFR 3,5-5,4): in Entwicklungskontinenten verbreitet
    - Länder mit niedrigem Geburten- und Fruchtbarkeitsniveau (TFR 1,5-2,4): Staaten der Dritten Welt, z.B. China, Sri Lanka, Indonesien, Thailand
    - Länder mit extrem niedrigen Geburten- und Fruchtbarkeitsniveau (TFR < 1,5): große Zahl europäischer Länder, Kanada, Japan, Südkorea
- merklicher **Rückgang der Geburtenzahlen** der Dritten Welt
- Vergleich zwischen der Geburtenrate europäischer Staaten in der Mitte des 19. Jh. und den aktuellen Werten für die Staaten der Dritten Welt:
    - Vor 120 Jahren waren rohe Geburtenziffern in den meisten europäischen Staaten und den Neusiedlerländern in Übersee zwei- bis dreimal höher als heute
    - Die höchsten damals in Nordwest- und Mitteleuropa registrierten Werte blieben weit unter den heute beobachteten einzelnen Staaten der Dritten Welt, womit auch der Abstand zwischen Geburten- und Sterberate wesentlich geringer war
- daraus ergeben sich zwei Fragen?
    - Wie lässt sich der Fertilitätsrückgang in Europa erklären?
    - Worin liegen die Gründe für das vergleichsweise niedrige Ausgangsniveau?

3.3.2 Erklärungsansätze zum Heiratsverhalten und zur Fertilitätstransformation
- Fertilitätsunterschiede lassen sich auf zwei Hauptursachen zurückführen:
    - Unterschiede in der demographischen Struktur
    - Unterschiede im generativen Verhalten
- Gründe für die vergleichsweise niedrige Fertilität im vorindustriellen Europa: **west- und mitteleuropäische Heiratsmuster**; *european marriage pattern*: hohes durchschnittliches Heiratsalter und hoher Prozentsatz von Menschen die nicht heiraten
- gegensätzliches Heiratsverhalten im westlichen und östlichen Europa ist nicht durch eine physiologische Entwicklung zu erklären
- durch das hohe Heiratsalter sollte ein Nebeneinander von drei Generationen vermieden werden
- **Veränderung im Heiratsverhalten**, die sich in einer vermehrten Heiratshäufigkeit und im Rückgang des Heiratsalters äußerte, setzte in Mittel- und Westeuropa gegen Ende des 19. Jh. und zu Beginn des 20. Jh. ein
- die um die Wende zum 20. Jh. in weiten Teilen des westlichen Europas getretene Veränderung des Heiratsverhaltens muss in engem Zusammenhang mit dem zuvor oder gleichzeitig ablaufenden **Fertilitätsrückgang** gesehen werden
- Ablauf und Ausmaß der **Fertilitätstransformation** sind in Europa durch zahlreiche Untersuchungen gut belegt
- Erklärungsansätze für den Fertilitätsrückgang:

- ➢ Fertilitätsrückgang ist durch Innovation und Diffusion kontrazeptiver Ideen und Techniken bedingt
  - ➢ Fertilitätsrückgang ist als eine Anpassung der Menschen an gewandelte Verhältnisse im sozialen, wirtschaftlichen und politischen Bereich zu verstehen
- **Innovations- und Diffusionshypothese**: gewandelten Einstellungen gegenüber der Geburtenkontrolle kommt größte Bedeutung zu; Familienplanung als „Erfindung" des 19. Jh., die von Metropolen ausging, von dort auf andere städtische Zentren übergriff und schließlich auch den ländlichen Raum erreichte
- weitgehend gesicherte Ergebnisse des Fertilitätsrückgangs:
  - ➢ Der raumzeitliche Ablauf der Fertilitätstransformation innerhalb eines Landes lässt sich in einem idealtypischen Entwicklungsschema zusammenfassen; Fruchtbarkeit ist in allen Teilen recht hoch; Reduzierung nur in wenigen Gebieten; Übergreifen auf andere Regionen
  - ➢ Innerhalb einzelner Regionen erfolgt eine **zentral-periphere Ausbreitung** der Fertilitätstransformation
  - ➢ Für den Fertilitätsrückgang sind ausgeprägte **sozialgruppenspezifische Unterschiede** nachweisbar: Verpflichtung alle Kinder zu beerben wurde wegen erhöhter Überlebenschancen zur wirtschaftlichen Belastung; Löhne reichten oft nicht für große Familien
- als Zwischenergebnis zur Fertilitätstransformation lässt sich feststellen, dass gewisse **Regelhaftigkeiten im raumzeitlichen Entwicklungsablauf** sowie **schichtspezifische Verhaltensunterschiede** an vielen Beispielen belegt werden können
- sehr frühe Reduzierung der Kinderzahl und ebenfalls schon frühe Reduzierung der Geburtenzahlen in Krisenzeiten sind nicht mit der These von den kontrazeptiven Ideen und Techniken als einer Erfindung des 19. Jh. in Einklang zu bringen
- kleinräumige Fruchtbarkeitsunterschiede haben sich währen der Transformationsphase nicht ausgeglichen, sondern blieben über einen längeren Zeitraum konstant, was gegen eine enge Beziehung zwischen Informationsausbreitung und Verhaltensänderung spricht
- Carlsson: Fertilitätsrückgang ist eher Anpassungs- als Innovationsprozess
- Verminderung der ehelichen Fruchtbarkeit stellt eine **Reaktion auf gewandelte wirtschaftliche Bedingungen** und die Auflösung traditioneller gesellschaftlicher Strukturen dar
- Nicht Kenntnis von Empfängnisverhütung ist entscheidend für die Reduzierung der Geburtenzahlen, sondern die Motivation zur Anwendung dieser Kenntnisse
- **Fruchtbarkeitsunterschiede zwischen Stadt und Land** sind klar erkennbar
- eindeutig nachweisbar sind Fertilitätsunterschiede zwischen ethnischen Gruppen
- sozio-kulturelle Faktoren sind bei der Fertilitätstransformation bedeutender als die wirtschaftliche Situation
- nicht Innovation oder Anpassung, sondern **Innovation** und **Anpassung** dürfte danach die zutreffende Antwort auf die Frage nach den Ursachen des Fertilitätsrückgangs in Europa sein
- hohe Fertilität in den Entwicklungsländern
- im internationalen Vergleich verhält sich die Höhe der Geburtenrate oder anderer Fruchtbarkeitsmaße umgekehrt proportional zum Stand der wirtschaftlichen Entwicklung
- *no development is the best pill*: man geht davon aus, dass mit dem Übergang von agrarischer zu industrieller Gesellschaft die Geburten zurückgehen
- *no development without the pill*: rasche Bevölkerungszunahme steht der Entwicklung entgegen

- Verbesserung der wirtschaftlichen Lage in den Entwicklungsländern würde per se keinen Rückgang der Fruchtbarkeit induzieren, wenn nicht zugleich Veränderungen im sozialen Status und im Präferenzsystem mit höherer Wertschätzung von Bildung, beruflicher Leistung und materiellem Konsum eintreten
- Modernisierungsindikatoren haben höheren Erklärungsanteil:
  - ➢ Enge Beziehung des Geburtenniveaus und der Schulbildung
  - ➢ Gebildete Frauen heiraten später: sind für Argumente zu kleineren Familien zugänglicher und sind besser über die Verhütungsmethoden informiert
  - ➢ Fruchtbarkeitsniveau ist abhängig von der Stellung der Frau
- Reduzierung des hohen Bevölkerungswachstums in der Dritten Welt kann nicht allein dadurch erreicht werden, dass es gelingt unerwünschte Kinder zu verhindern
- keine Motivation für eine nachhaltige Reduzierung der Kinderzahl, da Kinder in wirtschaftlicher und sozialer Hinsicht einen hohen Nutzen haben
- *wealth-flows* Theorie von Caldwell: solange ein ökonomischer und emotionale „Reichtumtransfer" zwischen den Generationen besteht, solange wird sich das generative Verhalten nicht verändern

3.3.3 Die jüngere Entwicklung der Fertilität in der Bundesrepublik Deutschland

- Fertilitätstransformation in Deutschland zwischen 1875 und 1925: allgemeine Geburtenrate sank von mehr als 35 ‰ auf etwa 30‰; nach der Jahrhundertwende auf 20‰
- zu Beginn der 60er: Baby-Boom, dennoch kein Trend erkennbar
- Geburtenrate nahm stark ab und 1972 überstieg die Sterbeziffer erstmals die Geburtenrate
- starker Geburtenabfall innerhalb kurzer Zeit ist auf das Zusammenwirken von mindestens drei Ursachenbündeln zurückzuführen:
  - ➢ extreme Krisensituation, wie sie in Arbeitslosigkeit, finanziellen Problemen, Benachteiligungen von Frauen auf dem Arbeitsmarkt oder der Schließung von Einrichtungen der Kinderbetreuung zum Ausdruck kommt
  - ➢ eine gestiegene Wahlfreiheit und gewachsene Zahl von Alternativen zu einer frühren Heirat und Mutterschaft
  - ➢ ein rapider Wertewandel, der Arbeitsplatz und materiellen Wohlstand vor die Familie an erste Position stellen
- **Konsequenzen eines Geburtenrückgangs**: Bevölkerungsabnahme und Veränderung des Alteraufbaus
- Gründe für die niedrigen Geburtenwerte:
  - ➢ **Mikroebene**: gewandelte Auffassungen über den Wert von Kindern, die Auflösung traditioneller Familienformen sowie die veränderte Einstellung zu Familienplanung und Sexualität
  - ➢ **Mesoebene**: Unterschiede zwischen Einkommens- und Sozialgruppen sowie zwischen städtischen und ländlichen Bevölkerungen mit ihren spezifischen Wohn- und Arbeitsbedingungen; Unterschiede in Konfession, Bildungsstand und Erwerbsstatus
  - ➢ **Makroebene**: Verstädterung und Kinderfeindlichkeit, Modernisierung der Werte, Zukunftsangst und das von Massenmedien vermittelte „demographische Klima" zahlen zu den wichtigsten Determinanten
- häufige Faktoren der Geburtenraten:
  - ➢ Wirtschaftliche Beweggründe: Eltern bestimmen Kinder aufgrund Kosten-Nutzen-Erwägungen; Kosten sind monetäre und psychische Lasten, Nutzen ist der Gewinn der Eltern an Befriedigung, sozialem Ansehen, potenzieller Ein-

kommenskapazität und sozialer Sicherheit; aber: Kinder schmälern den familiären Lebensstandard

> Aufkommen neuer Familienformen: sinkende Bereitschaft zu heiraten und steigende Scheidungsraten; weniger Ehen, viele unrealisierte Kinderwünsche
> Frauenerwerbstätigkeit: durch zunehmende Erwerbstätigkeit von Frauen kommt es zu späteren Hochzeiten; ein mit der Emanzipation einhergehendes verändertes Rollenverständnis und –verhalten führt Frauen zu einer Begrenzung der Kinderzahl
> Fehlen kindsgemäßer Umwelt: zu kleine Wohnungen in großen Städten, fehlende Spielmöglichkeiten, hoher Verkehrslärm
> Fortgang des Säkularisierungsprozess: Lösung von kirchlichen Bindungen ist mit entscheiden für den Geburtengang
> Pessimistische Zukunftsbeurteilung: wirtschaftliche, politische und institutionelle Sicherheiten werden in Frage gestellt; Erfahrungshorizont des Menschen hat sich in räumlicher und zeitlicher Hinsicht ausgeweitet; Probleme der Rohstoff- und Energieverknappung, Umweltverschmutzung und weltweiter Bevölkerungszuwachs
> Verbesserte Möglichkeit der Empfängnisverhütung: nicht Ursache des Geburtenrückgangs, sondern ein Mittel, um eine aufgrund anderer Erwägungen getroffene Entscheidung in die Tat umzusetzen; These vom Pillenknick nicht haltbar

- bevölkerungspolitische Maßnahmen wegen der rückläufigen Geburtenhäufigkeit
- **Bevölkerungspolitik**: alle Maßnahmen staatlicher und nicht-staatlicher Institutionen zur Beeinflussung der Bevölkerungsentwicklung
- Pronatalistische Strategien sind diese, welche zum Bevölkerungswachstum beitragen

3.3.4 Regionale Fertilitätsunterschiede

- Phasen mit besonders ausgeprägten **regionalen Gegensätzen**: nicht alle Teilräume waren gleichzeitig von weit reichenden Veränderungen ihrer Lebensbedingungen betroffen
- Veränderungen sind von Zentren ausgegangen
- räumliche Diffusion des Fruchtbarkeitsrückgang geht meist von den Städten aus; ABER: sozio-ökonomische und demographische Strukturen einzelner Regionen lassen sich erklären und sozio-kulturelle und gesellschaftliche Einflussgrößen werden wirksam, die in der Statistik nur unzureichend erfüllt werden können
- Innovations-Diffusionshypothese und Anpassungshypothese ergänzen sich
- Grundlegend für die früh einsetzenden sozialen Veränderungen war die traditionelle Außenorientierung; die Vertrautheit mit andersartigen Lebensweisen hat ohne Zweifel den gesellschaftlichen Modernisierungsprozess beschleunigt
- **Industrieländer** sind von einem niedrigem Furchtbarkeitsniveau gekennzeichnet; trotzdem können Veränderungen im Ausmaß regionaler Fertilitätsunterschiede auftreten
- unterschiedliche Geburtenhäufigkeit in Deutschland zwischen den alten und neuen Ländern; nach der Wende massiver Einbruch in den neuen Ländern, seitdem immer mehr Angleichung
- Bayern und Baden-Württemberg haben überdurchschnittliche Werte, Großstädte und ihr Umland unterdurchschnittliche
- Das vor 1990 bestehende Muster mit einem Nord-Süd-Gefälle von den ländlich geprägten Regionen im Norden mit hohen zu den Verdichtungsräumen im Süden mit niedrigen Werten ist jedenfalls nicht mehr zu erkennen

- Ursache der regionalen Unterschiede: haushaltsstrukturelle Indikatoren, Wohn- und Siedlungsweise
- hohe Korrelation zwischen der totalen Fertilitätsrate und dem Anteil der Einpersonenhaushalte
- Strohmeier: selektive Wanderungsprozesse tragen zur Stabilisierung des Stadt-Land-Gegensatzes bei
- Großstadt-Land-Wanderer sind mehr an Familienbildung interessiert als Stadt-Land-Wanderer

→ innerhalb eines großen Landes wird es immer Regionen geben, in denen sich das Fertilitätsverhalten der dort lebenden Menschen auch unabhängig von der jeweiligen wirtschaftlichen Situation, der Siedlungsweise oder der Stellung in der sozialen Hierarchie richtet

3.4 Bevölkerungswachstum

3.4.1 Hauptphasen in der Entwicklung der Weltbevölkerung

- Zunahme der Weltbevölkerung blieb Jahrtausende gering
- vier Datentypen können laut Durand als Basis für Schätzungen dienen: moderne Volkszählung, Teilerhebung, Zählungen zweifelhafter Qualität und Zahlenangaben, nicht-quantitative Informationen zum Stand der Technologie, der Wirtschaft oder sozialen und politischen Organisationen
- **Anfängen der Menschheitsgeschichte**: kaum Zahlen, nur Vorstellungen
- Mensch als Jäger und Sammler: nur wenige Kopfe pro 100 km², max. 5-10 Mio. Menschen konnten ihre Ernährung sichern
- **Vor etwa 10.000 Jahren** gab es erste Zahlenwerte: 1-10 Mio. Menschen → in den Epochen davor hatte man eine Verdopplungszeit von 50.000 Jahren
- kein stetiges Wachstum, entweder Stagnation oder Rückschläge; Grund: Mensch stand allen Veränderungen seiner natürlichen Umwelt völlig hilflos gegenüber und seine Lebensbasis durch eine Verschlechterung des Klimas oder Verschwinden einzelner Beutetiere empfindlich gestört werden konnte
- Lebenserwartung lag bei ca. 20 Jahren
- Hohe Fertilität, jedoch lag sie hinter dem biologischen Maximum und hinter heutigen Höchstwerten
- Übergang von der **Wildbeuterstufe** zur **Stufe der spezialisierten Sammler, Jäger und Fischer**: gekennzeichnet durch Rationalisierungen und Spezialisierungen auf Grundlage der bisherigen Lebensform; Vorratshaltung führte zu einer Verbesserung der Ernährungsbasis, mit der eine spürbare Bevölkerungsverdichtung einher ging
- erneute Phase des beschleunigten Wachstum fällt mit dem **Beginn des sesshaften Ackerbaus** und der Domestikation von Tieren zusammen: Ursprung der Landwirtschaft war wohl die Folge wachsenden Bevölkerungsdrucks
- enge **Wechselbeziehungen zwischen Bevölkerungsanstieg und Veränderungen im Agrarbereich**
- Boserup: Bevölkerungsdruck als „Schlüsselfaktor" und „Hauptmotor" für den Übergang von extensiver zu intensiver Form der Landwirtschaft
- **Nahrungsmittelrevolution der Jungsteinzeit**: begann vor 9.000-11.000 Jahren im Nahen Osten; erste Stadtgebiete im Tigris- und Nilgebiet vor etwa 5.000-6.000 Jahren; Weltbevölkerung stieg auf 100 Mio.
- **Zeit um Christi Geburt**: erstmals genaue Bevölkerungsschätzungen, 270-330 Mio. Menschen
- **Beginn der Neuzeit**: 440-540 Mio. Menschen

- **Umbruch in der Entwicklung der Weltbevölkerung**: seit Ende 18. Jh.; langsame Abnahme der Sterberaten, aber Geburtenziffern lagen noch auf einem hohen Niveau, allmähliche Öffnung der Bevölkerungsschere
- 1920-1950: Beginn der Sterblichkeitsrate in der Dritten Welt
- nach dem 2. Weltkrieg: verbessernde Überlebenschancen auch in wirtschaftlich weiterhin rückständigen Ländern
- enorme **Dynamik der Bevölkerungsentwicklung**: von 1804-1927 Anstieg von 1 auf 2 Mrd.
- Zeitraum bis zur nächsten Milliarde nahm immer mehr ab: 33,14,13,12 Jahre
- jährliche Zuwachsrate von 1,2% verdeckt **regionale Unterschiede**: Industrieländer 0,1%, Entwicklungsländer 1,5%
- Zahlen als Ergebnis hoher Geburtenrate und gesunkener Sterblichkeit
- phasenverschobene einsetzende und mit unterschiedlicher Intensität ablaufende „Bevölkerungsexplosion" der letzten beiden Jahrhunderte hat in Verbindung mit großräumigen Wanderungsvorgängen zu tief greifenden **Veränderungen der großregionalen Bevölkerungsverteilung** geführt
- 1750-1900: Europa und Nordamerika mit dem größten Bevölkerungszuwachs; vorzeitiges Öffnen der Schere und Sklaveneinzug
- 20. Jh. Umschwung: früher lebten 25%, jetzt nur noch 13% in der ehemaligen UdSSR; Anteilswerte Afrikas und Lateinamerikas haben sich spürbar erhöht, die Nordamerikas nur leicht, Asien und Ozeanien sind gleich geblieben

3.4.2 Der demographische Transformationsprozess in raumzeitlicher Differenzierung

- Untergliederung der Entwicklung der Weltbevölkerung in zwei Abschnitte: eine lange Periode mit langsamen und eine kurze Periode mit schnellem Wachstum
- **Modell des demographischen Übergangs**: baut auf der in Europa und später auch in Nordamerika und Australien beobachteten Entwicklung auf; hier haben sich Sterblichkeit und Fruchtbarkeit während der letzten beiden Jahrhunderte in sehr regelhafter Weise verändert
- **Ausgangssituation**: vor Beginn des Transformationsprozesses hohe und stark fluktuierende Sterbe- und Geburtenrate; am Ende stehen viele niedrige und kurzfristige Ziffern
- den zwischen den beiden Phasen liegenden Abschnitt bezeichnet man als demographischen Übergang: er wird durch eine deutliche Verbesserung der Überlebenschancen eingeleitet, Fruchtbarkeit bleibt auf hohem Niveau und steigt noch an ➜ Scherenöffnung, Bevölkerung nimmt schnell zu; später gleicht sich generatives Verhalten wieder an die gewandelten Sterbeverhältnisse an
- fünf Phasen des Transformationsprozesses:
  - ➢ prätransformative Phase mit hohen, nahe beieinander liegenden Geburten- und Sterberaten, hohen Umsatzziffern und geringen, vorübergehend auch negativen Wachstumsraten
  - ➢ frühtransformative Phase mit deutlich fallenden Sterberaten bei weitgehend konstanten oder sogar leicht zunehmenden Geburtenraten und somit ansteigenden Wachstumsraten
  - ➢ mitteltransformative Phase mit raschem Abfall des Geburtenniveaus und nur noch leicht abnehmender Sterblichkeit, was zu stark zurückgehenden Wachstumsraten führt
  - ➢ posttransformative Phase mit niedrigen Geburten- und Sterberaten, niedrigen Umsatzziffern und geringen bis stagnierenden Wachstumsraten, wobei sich die

Geburtenraten eher verändern als die Sterberaten, die teilweise aufgrund des veränderten Altersaufbaus sogar leicht wieder ansteigen
- **Verschiebungen der Altersstruktur und der Sexualproportion**
- **Dreiecksform** der Alterspyramide resultiert aus der mit zunehmendem Alter ansteifenden Sterblichkeit einer stabilen Bevölkerung
- mit der Abnahme der Säuglings- und Kindersterblichkeit bei weiterhin hohen Geburtenraten erhält die **Pyramide** eine **sehr breite Basis**; als Folge des Geburtentrückgangs wird die Basis der Pyramide immer schmaler und die Zuspitzung beginnt sehr viel später, weil die Sterblichkeit erst in den höheren Altersklassen deutlich zunimmt
- die beim Abschluss des Übergangs erreichte **bienenkorbartige Pyramide** kann sich zur **Urnenform** entwickeln, wenn die Geburtenzahlen über längere Zeit rückläufig sind und die Bevölkerung schrumpft
- Modell hat vier Funktionen:
  - ➤ Beschreibungsfunktion
  - ➤ Klassifikationsfunktion
  - ➤ Theoriefunktion
  - ➤ Prognosefunktion
- demographischer Transformationsprozess vollzieht sich zu unterschiedlichen Zeiten mit unterschiedlicher Geschwindigkeit
- **Klassifikation und Typisierung von Staaten** oder anderen Raumeinheiten im Hinblick auf das Zusammenspiel von Geburten- und Sterbeverhältnissen
- Auseinanderentwicklung von Geburten- und Sterbeziffern erreicht in den Entwicklungsländern in Europa ein nie gekanntes Ausmaß
- die aus der europäischen Erfahrung abgeleitete Regel eines sich bei verzögertem Beginn besonders rasch vollziehenden Transformationsprozesses trifft für die Staaten der Dritten Welt meistens nicht zu
- Hauser: Theorie der demographischen Transformation: jede Gesellschaft richtet Fruchtbarkeitsverhalten in eine Art Gleichgewichtszustand aus

3.5 Tendenzen zukünftiger Bevölkerungsentwicklung

3.5.1 Das Problem der Tragfähigkeit der Erde
- das Problem einer im Vergleich zur Nahrungsmittelproduktion zu hohen Bevölkerungszahl hat im Laufe der Menschheitsgeschichte immer wieder bestanden und war für das Denken und Handeln der Menschen von ausschlaggebender Bedeutung
- **wissenschaftliche Beschäftigung** begann im 18. Jh. als von den Physiokraten beschränkt verfügbarer Boden als Produktionsfaktor hervorgehoben wurde
- **Bevölkerungsgesetz**: Aufstellung der These, dass die Vermehrungskraft der Bevölkerung unbegrenzt größer ist als die Kraft der Erde, Unterhaltsmittel für den Menschen hervorzubringen
- Malthus: Erde wächst in geometrischer Reihe, Unterhaltsmittel nehmen nur in arithmetischer Reihe zu
- kritische Berechnungen zur höchstmöglichen Menschenzahl
- Ravenstein berechnete die größtmögliche Anzahl der Menschen, die durch intensiven Fruchtanbau ernährt werden können; dieser Wert ist heute schon überschritten ohne, dass die absolute Obergrenze der Tragfähigkeit schon erreicht wäre
- Penck sah im Problem einer maximalen Bevölkerung keine soziale, sondern eine physisch-geographische Frage und sprach vom **Hauptproblem der physischen Anthropogeographie**
- Tropen als Nehrungsmittelreservoirs für eine rasch wachsende Menschheit

- aber Vorsicht vor Überschätzung der Ernährungskapazität tropischer Räume
- **kleinräumige Tragfähigkeitsuntersuchungen** von Isenberg; dieser versteht unter der Tragfähigkeit eines Gebietes die Zahl der Menschen, die darin auf längere Sicht ihre Existenzmöglichkeit finden können, unabhängig davon, in welchem Wirtschaftszweig sie tätig sind
- Borcherdt/Mahnke: Tragfähigkeit eines Raumes gibt diejenige Menschenmenge an, die in diesem Raum unter Berücksichtigung des hier/heute erreichten Kultur- und Zivilisationsstandes auf agrarischer/natürlicher/gesamtwirtschaftlicher Basis ohne/mit Handel mit anderen Räumen unter Wahrung eines bestimmten Lebensstandards/Existenzminimums auf längere Sicht leben kann
- Folgende Gegenüberstellungen ergeben sich:
  - „Effektive" und „potentielle" Tragfähigkeit
    - Berechnung auf Basis der jeweils praktizierten Methoden (effektiv)
    - Bezug auf die besten heute verfügbaren Techniken (potentiell)
  - „Innenbedingte" und „außenbedingte" Tragfähigkeit
    - Befriedigung der Bedürfnisse aus eigenem Lebensraum (innenbedingt)
    - Befriedigung der Bedürfnisse aus Handel mit anderen Räumen (außenbedingt)
  - „Agrare", „naturbedingte" und „gesamtwirtschaftliche" Tragfähigkeit
    - Ordnung nach der Bezugsbasis
    - Gesamtwirtschaftlich schließt agrar und naturbedingt ein
    - Innerhalb der Geographie ist die agrare von größerer Bedeutung
  - „Maximale" und „optimale" Tragfähigkeit
    - Annahme eines gerade noch garantierten Existenzminimums
    - Wahrung eines bestimmten Lebensstandards
- scharfe Trennung in der Praxis kaum möglich
- Tragfähigkeitsmessung mittels Indikatoren, z.B. Wanderungsbilanz
- es ist nicht das Ziel der Tragfähigkeitsuntersuchungen ein rechnerisches Ergebnis vorzulegen, sondern zu verstehen, welche Aussage den Einzelfaktoren zukommt und wie das bestimmende Kräftegefüge aussieht

3.5.2 Bevölkerungsvorausschätzungen nach Großräumen
- schwierig, Bevölkerungszahlen für zukünftige Zeiträume zu ermitteln
- zwei **Typen von Bevölkerungsvorausschätzungen**:
  - Bevölkerungsprojektionen (Bevölkerungsmodelrechnungen)
  - Bevölkerungsvorhersage (Bevölkerungsprognosen oder Bevölkerungsvorausschätzungen im engeren Sinne)
- **Bevölkerungsprojektion**: Vorausberechnung einer Bevölkerung nach Zahl und Struktur aufgrund von hypothetischen, mehr oder minder willkürlichen Annahmen
- Zielprojektion: wenn Bedingungen offen gelegt werden, die notwendig sind, um bestimmte bevölkerungspolitische Ziele zu erreichen
- Bevölkerungsprojektionen erheben nicht den Anspruch, reale zukünftige Bevölkerungszahlen zu prognostizieren
- **Bevölkerungsvorhersage**: richtet sich auf die Ermittlung der tatsächlichen Bevölkerungszahlen und ihre Zusammensetzung zu einem späteren Zeitpunkt
- Annahmen spiegeln hier die die als wahrscheinlich erachteten Entwicklungen der einzelnen Bestimmungsfaktoren des Bevölkerungswachstums wider
- Drei **Prognosekonzeptionen**:
  - **Ex-Post-Konzeption**: Daten eines abgelaufenen Zeitraums werden für die Vorausschätzung zukünftiger Entwicklungsgrößen benutzt

- **Ex-Ante-Konzeption**: echte Zukunftsdaten sollen erforscht und in der Prognose verarbeitet werden
  - **Analogie-Konzeption**: bestimmte Entwicklungsabläufe, die an einzelnen Bestandsmassen beobachtet wurden, werden auf andere Bevölkerungsgruppen übertragen
- **methodisches Instrumentarium**: mathematische Modelle und subjektive Einschätzung
- stark vereinfacht kann man die gebräuchlichsten Verfahren in zwei große Gruppen gliedern:
  - **Zeitreihen- oder Explorationsmethode**: die für einen bestimmten Zeitraum festgelegte Wachstumskurve einer Bevölkerung dient zur Ermittlung des Bevölkerungsstandes eines späteren Zeitpunkts, wobei von einem unveränderten Trend ausgegangen wird
  - **Komponentenmethode**: Mortalität, Fertilität und Migration werden getrennt prognostiziert und anschließend zu einer Vorausschätzung des Bevölkerungsstandes zusammengefasst
- bei **globalen Bevölkerungsvorausberechnungen** geht man von folgenden Grundannahmen aus:
  - Überlebenschancen werden sich in den meisten Teilen weiter verbessern
  - für die schwieriger einzuschätzende Fertilitätsentwicklung sind drei Varianten und eine Kontrollrechnung vorgesehen
  - für einzelne Länder werden Wanderungen als Korrekturfaktor berücksichtigt
- alle Prognosen stimmen überein, dass das derzeitige Bevölkerungswachstum abschwächen wird; allerdings sind hohe Zuwachsraten in Ländern mit einer jungen Bevölkerung zu erwarten
- Zuwachsrate der Weltbevölkerung wird noch weit in das nächste Jahrtausend hinein hoch bleiben und man hat die schwere Aufgabe überall auf der Welt menschenwürdige Lebensbedingungen sicherzustellen

3.5.3 Die Bedeutung nationaler und regionaler Bevölkerungsprognosen

- Bevölkerungsvorausschätzungen auf nationaler und regionaler Ebene haben eine recht zuverlässige Datenbasis, aber Wanderungen müssen genauer berücksichtigt werden
- Bevölkerungsprognose aus dem Jahr 2001 für 2050; Ergebnisse:
  - Niedrige Geburtenhäufigkeit, kombiniert mit dem Hineinwachsen der geburtenstarken Jahrgänge in hohe Altersgruppen und dem daraus resultierenden Anstieg der Sterbefälle führt dazu, dass das Geburtendefizit zunehmen und die Bevölkerungszahl schrumpfen wird; Wanderungssaldo wird das negative Wachstum nicht ausgleichen können; Bevölkerung wird zurückgehen und Ausländer werden mehr ➔ bei ausgeglichenem Wanderungssaldo und unveränderter Lebenserwartung: 54 Mio.
  - Bei stärkerer Zuwanderung wird sich an der fortschreitenden Alterung der Bevölkerung wenig ändern; nach der mittleren Variante sinkt der Anteil junger Menschen von 1/5 auf 1/6; Anteil der 60-jährigen steigt auf 1/3; 2050 werden 70 Alte auf 100 Menschen im erwerbsfähigen Alter entfallen
- **regionale Bevölkerungsprognosen** gehören seit langem zu einem der wichtigsten Instrumentarien wissenschaftlicher Politikberatung
- mittelfristige Prognose nach Geschlecht und Alter
- Status-quo-Prognose:
  - Fertilität bleibt im Westen gleich und steigt im Osten leicht an

- ➢ Lebenserwartung nimmt weiter zu, Unterschiede zwischen den Ländern verschieben sich
- ➢ Binnenwanderungsverluste gehen im Osten wieder leicht zurück
- ➢ Außenwanderung wird wegen Arbeitskräftemangel gesteuert
- ➢ Erhöhte Zuzüge durch deutsche Aussiedler nach EU-Osterweiterung wird wieder abnehmen
- ➢ Im Osten nimmt die Einwohnerzahl stärker ab als im Westen; Suburbanisierung im Osten
- ➢ Bevölkerungsabwanderung und Sterbeüberschüsse in ländlichen Gegenden und altindustrialisierten Räumen
- ➢ Wanderungen werden Sterbezahlen irgendwann nicht mehr kompensieren
- ➢ Geburtenüberschüsse werden nicht mehr
- ➢ Dekonzentration im Westen vs. Konzentration im Osten

4. Bevölkerungsumverteilungen durch Wanderungen

4.1 Statistische Erfassung und Typisierung von Migrationen

4.1.1 Definition und Abgrenzung des Begriffs Wanderung

- **Mobilität** bezeichnet formal den Wechsel eines Individuums zwischen definierten Einheiten eines Systems
- für den Positionswechsels innerhalb eines sozial definierten Systems gebraucht man den Begriff „soziale Mobilität"
- Mobilitätsbegriff kann zur Charakterisierung individuellen Verhaltens herangezogen und zum anderen zur Bezeichnung der Eigenschaften eines Systems verwendet werden
- **soziale Mobilität** lässt sich in zwei Hauptformen untergliedern:
  - ➢ **vertikale Mobilität**: sozialer Auf- bzw. Abstieg einzelner oder ganzer Gruppen erfolgt innerhalb sozialer Schichten
  - ➢ **horizontale Mobilit**ät: Wechsel einer sozialen Position wird vorgenommen, ohne dass damit eine Veränderung in der Statushierarchie verbunden ist
- **räumliche (regionale, geographische) Mobilität** umfasst jeden Positionswechsel zwischen den verschiedenen Einheiten eines räumlichen Systems, ganz gleich ob sich diese Bewegung über weite oder geringe Distanzen, als einmaliger Vorgang oder in regelmäßigem Turnus vollzieht
- verschiedene Formen räumlicher Mobilität: Wanderung und Zirkulation
- **Zirkulation** beinhaltet Bewegungsabläufe zwischen Wohnung und Arbeits- oder Ausbildungsstätte und versorgungsorientierte Raumbewegungen
- **Wanderung**: Ausführung einer räumlichen Bewegung, die einen vorübergehenden oder permanenten Wechsel des Wohnsitzes bedingt
- **Räumliche Dimension**: Außenwanderung und Binnenwanderung
- **Zeitliche Dimension**: Wanderungsziel muss neuer Mittelpunkt des Lebens werden
- Zelinskys **Hypothese der Mobilitätstransformation**: mit unterschiedlichem sozio-ökonomischen Entwicklungsstand geht auch ein unterschiedliches Mobilitätsverhalten einher
- Phasen der Mobilitätstransformation:
  - ➢ Vorindustrielle traditionelle Gesellschaften: alle Formen von Mobilität spielen eine geringe Rolle, abgesehen von Migrationen ganzer Völker; Menschen an sich haben einen geringen Wanderungsradius; absolute Bevölkerungszahl ist recht stabil; hohe Mortalität und hohe Fertilität

- Frühe Transformationsphase: Scherenöffnung zwischen Geburten- und Sterbe-ziffer; Migrationen gewinnen an Bedeutung; letzte dünn besiedelte Regionen werden erschlossen; massive Land-Stadt-Wanderung
- Späte Transformationsphase: Abklingen des schnellen natürlichen Bevölke-rungswachstums; Veränderungen des Mobilitätsverhaltens; Wanderungen dau-ern noch an, aber in anderem Umfang und in anderen Formen; Wanderungen zwischen Städten und zirkuläre Bewegungen
- Moderne Gesellschaft: demographischer Transformationsprozess ist am Ende, hoch mobile Gesellschaften, Zuwanderungen ausländischer Arbeitskräfte, er-höhte Pendlereinzugsbereiche, wachsender Wohlstand
- Zukünftige, nachindustrielle Gesellschaft: Abschwächung einzelner Mobili-tätsformen, Verbesserung von Kommunikationssystemen, Reduzierung der Wanderungen, freizeitorientierte Mobilitätsformen, rückläufige Bevölkerungs-zahlen

- Theorie Zelinskys liefert weit stärker eine Beschreibung und Systematisierung histori-scher Vorgänge, als dass sie die abgelaufenen Veränderungen erklärt
- den idealtypischen Verlaufskurven für die verschiedenen Erscheinungsformen regio-naler Mobilität ist zu entnehmen, dass in der frühen Transformationsphase Wanderun-gen über weite Distanzen dominierten; diese wurden später von solchen in über mittle-re Distanzen abgelöst, bis irgendwann Bewegungen über geringe Distanzen zum vor-herrschenden Typ wurde

- Gliederungsprinzip berücksichtigt sowohl zeitliche als auch räumliche Vergleiche, wobei sich die zeitlichen vorwiegend auf die von Zelinsky betonten Veränderungen im Laufe des Industrialisierungsprozesses beziehen
- räumliche ist auf eine Gegenüberstellung der heutigen Situation in Industrie- und Ent-wicklungsländern gerichtet

4.1.2 Maßzahlen zur Charakterisierung von Wanderungen

- Wanderungsdaten sollen auf möglichst aussagekräftige statistische Kenngrößen redu-ziert werden, um das Wanderungsgeschehen zusammenfassend zu charakterisieren
- mit der Makroanalyse können drei Sachverhalte verdeutlicht werden
  - Wanderungshäufigkeit einer Bevölkerung
  - Stärke von Wanderungsströmen
  - Effektivität von Wanderungen
- **Kennzeichnung der Wanderungshäufigkeit** bildet das Wanderungsvolumen (Brut-towanderung), also die Summe aus Zuzügen (Zuwanderungsvolumen) und Fortzügen (Abwanderungsvolumen)
- **Wanderungsbilanz**: Differenz aus zu- und Fortzügen
- **Wanderungsrate**: man bezieht Zu- und Abwanderungen bzw. die Summe oder die Differenz beider Größen auf je 1.000 der Bevölkerung
- Wanderungsraten sollen ein Maß für die Intensität der Migrationsbewegungen darstel-len
- werden nur spezielle Bevölkerungsgruppen berücksichtigt, kommt es zur speziellen Mobilitätsziffer
- **Wanderungsströme**: die Zahl der gewanderten Personen ist sowohl durch die Bevöl-kerung des Herkunfts- als auch durch diejenige des Zielgebietes zu dividieren
- zwischen Wanderungsvolumen und Wanderungssaldo besteht kein Zusammenhang
- **Effektivitätsziffer**: Quotient aus Wanderungsbilanz und Wanderungsvolumen

- **Differentielle Migration**: dieser Begriff kennzeichnet die Tatsache, dass Wanderungsverhalten einzelner Bevölkerungsgruppen, die durch einen Komplex von Trennvariablen unterschieden werden, voneinander abweicht
- differentielle Migration lässt sich von unter zwei verschiedenen Blickrichtungen betrachten; zum einen kann sich die Gegenüberstellung von Wanderern und Nicht-Wanderern auf das Herkunftsgebiet (*origin differential*), zum anderen auf das Zielgebiet (*destination differential*) beziehen
- Unterscheidung zwischen Stadt-Stadt, Stadt-Land oder Land-Stadt gerichteten Migration
- Zusammenhang von *brain drain* bzw. *brain gain*: ob die Abwanderung hoch qualifizierter Kräfte eher nachteilig für die Herkunftsregion ist oder als entlastendes „Ventil" wirkt, wird unterschiedlich beurteilt und hängt sicher auch vom Ausmaß solcher Wanderungen und der jeweiligen Situation ab

4.1.3 Typisierungsversuche von Wanderungen

- **Migrationstypologien** beruhen auf unterschiedlichen Kriterien
- Abgrenzungskriterien bilde Distanz, räumlicher Verlauf sowie Wanderungsgründe
- verschiedene Formen der Dauerwanderung: Wanderung von Sammler- und Jägergemeinschaften, Wanderhackbauern, Nomaden, Landfahrergruppen)
- Ravenstein nennt als wichtigstes Abgrenzungskriterium die zurückgelegte Distanz; es werden drei Hauptgruppen unterschieden
  - „Lokaler" Wanderer: wechselt seinen Wohnsitz innerhalb einer Gemeinde oder eines Bezirkes
  - „Nahwanderer": zieht von einer Gemeinde in eine benachbarte
  - „Fernwanderer": legt eine größere Entfernung zurück
  - Wanderung in Etappen
  - „Temporärer" Wanderer: neben der räumlichen fließt hier auch die zeitliche Dimension in die Klassifizierung ein
- Wanderungsgründe:
  - Zwangsmigration: Wanderungen, zu denen die Betroffenen durch Gewalt oder Angst vor Gewalt gezwungen werden
  - frei bestimmte Migrationen mit berufs-, wohnungs- oder familienorientierten Motiven
- **Kettenwanderung** als gesonderter Typ der Migration: ein (Pionier-)Wanderer holt später Ehepartner, Kinder, Verwandte oder Bekannte nach
- Kettenwanderungen sind Ausdruck sozialer Netzwerke
- es gibt laut Fairchild eine Typologie, die von zwei Kriterien ausgeht, mit deren Hilfe vier Typen von Migrationen abgegrenzt werden
- erstes Kriterium basiert auf dem Kulturniveau im Herkunfts- und Zielgebiet, das zweite auf dem friedlichen bzw. kriegerischen Ablauf der Wanderungen
- daraus ergeben sich folgende Wanderungsformen: Invasion, Eroberung, Kolonisierung und Immigration
- Petersen ordnet seine vier Hauptarten von Wanderungen jeweils ganz bestimmte Ursachenkomplexe und Interaktionstypen zu
- Ergänzend unterscheidet er zwischen innovatorischen und konservativen Wanderungen, um damit zum Ausdruck zu bringen, dass Menschen einerseits ihre Heimat verlassen, um etwas Neues zu erlangen bzw. andererseits in Reaktion auf eine Änderung ihrer Lebensbedingungen abwandern und versuchen, am neuen Wohnort soweit wie möglich das bisher Gewohnte zu bewahren
- zusammenfassende Bewertung:

- nur geringe Übereinstimmung zwischen den Autoren
- Gründe für die Wahl bestimmter Kriterien werden nur selten genannt
- alle Typologien konzentrieren sich vorwiegend auf die Einordnung internationaler Wanderungen bzw. historisch ehemaliger Ereignisse
- es gibt keine Wanderungstheorie, die auf einer dieser Typologien aufbaut
- Wanderungen müssen im Zusammenhang mit den gesamten menschlichen Bewegungen im Raum gesehen werden und es muss danach gefragt werden, inwieweit mit einer Verlagerung des Wohnstandortes **eine vollständige oder teilweise Veränderung des „Aktionsraums"** verbunden ist
- Aktionsraum (Activity space) ist die Lokalisation aller funktionierender Stätten, die der Mensch zur Ausübung seiner Grundfunktionen aufsucht
- zwei Formen von Wanderungen sind denkbar:
  - Wanderungen, die mit einer völligen räumlichen Änderung des wöchentlichen reziproken Bewegungsmuster verbunden sind (interregionale Wanderungen)
  - Wanderungen, bei denen sich nur ein Teil der wöchentlichen reziproken Bewegungen verändert
- bei Verlagerungen des Wohnstandortes, bei denen sich der bisherige wöchentliche Bewegungszyklus vollständig ändert, ist meist mit einem Wechsel des Arbeitsplatzes verbunden
- intraregionale Wanderungen treten meist wegen gewandelter Anforderungen an Wohnung und Nachbarschaft auf

4.2 Ansätze zur modellhaften Beschreibung und Erklärung von Wanderungsvorgänge

- man bemüht sich um eine Synthese zwischen der Betrachtung von Wanderungen als System- oder Individualkategorie
- Ausgangspunkt: Migrationsgesetze von Ravenstein:
  - Mehrzahl der Migranten wandert nur über kurze Distanzen
  - Wanderungen verläuft vielfach in Etappen
  - Personen, die über größere Distanzen wandern, bevorzugen als Zielgebiete die großen Industrie- und Handelsstädte
  - Zu jedem Wanderungsstrom gibt es auch eine gegenläufige Bewegung
  - Landbevölkerung ist stärker als die Bewohner von Städten an den Wanderungsvorgängen beteiligt
  - Frauen wandern häufiger als Männer über kurze Distanzen, Männer dagegen häufig über weite Entfernungen und insbesondere nach Übersee
  - Die meisten Migranten sind allein stehende Erwachsenen; Familien wandern vergleichsweise wenig
  - Städte wachsen stärker durch Wanderungsgewinne als durch die natürliche Bevölkerungszunahme
  - Wanderungsvolumen nimmt mit der industriellen Entwicklung und der Verbesserung des Transportwesens zu
  - Die bedeutendsten Wanderungsströme sind von ländlichen Gebieten auf Städte gerichtet
  - Die wichtigsten Wanderungsgründe liegen im ökonomischen Bereich
- Ravensteins **Erklärungsversuche von Wanderungen** gehen fast immer von vier Überlegungen aus, die bei einer Formulierung von Theorien und Modellen wechselweise in den Vordergrund gestellt werden:
  - Der Entfernung zwischen Abwanderungs- und Zielgebiet wird das größte Gewicht bei der Erklärung der beobachteten Wanderungsströme beigemessen; es werden noch weitere Distanzbegriffe verwendet wie soziale oder psychische

Distanz, Informationsdistanz; die formalisierte und abstrahierte Struktur solcher Erklärungsversuche wird durch die Übertragung des Newtonschen Gravitationsgesetzes auf Wanderungsvorgänge wiedergegeben (**Gravitations- oder Distanzmodelle**)

- ➢ Die sozio-ökonomische Situation im Herkunfts- und Zielgebiet wird genauer analysiert und zu den beobachteten Wanderungsströmen in Beziehung gesetzt; werden wanderungsbeeinflussende Faktoren berücksichtigt: Push- und Pull-Faktoren
- ➢ Bei der Wanderungsanalyse wird von den Verhaltensweise und Einstellungen Einzelner ausgegangen; subjektive Wahrnehmung und individuelle Bewertungen fließen mit ein → verhaltensorientierte Modelle
- ➢ Die Annahme einer weitgehenden Entscheidungsfreiheit wird dahingehend ergänzt, dass äußere Zwänge (*constraints*) den Handlungsspielraum des Einzelnen erheblich einengen können; dazu zählen persönliche Faktoren und Umweltfaktoren

4.2.1 Distanz- und Gravitationsmodelle

- Ravenstein erkannte, dass **Beziehungen zwischen Wanderungshäufigkeit und Entfernung** bestehen
- von der Abnahme eines Minimalkostenprinzips ausgehend, stellt Zipf unter bestimmten Randbedingungen die Hypothese auf, dass sich jede Art von Interaktionen zwischen zwei Orten oder Gebieten durch eine **demographische Abwandlung des Newtonschen Gravitationsgesetzes** beschreiben lässt
- Stouffer behauptet in seiner Hypothese, dass die Zahl der Personen, die über eine bestimmte Entfernung wandert, proportional zur Zahl der *opportunities* am Wanderungsziel und umgekehrt proportional zur Zahl der *intervening opportunities* ist
- während die *opportunities* der Zielregion die Wandernden veranlassen, sich in diesem Gebiet eine Wohnung zu suchen, können die *intervening opportunities* dazu führen dass sich ein Umzugswilliger bereits in Orten niederlässt, die zwischen der Herkunfts- und Zielregion liegen

4.2.2 Regressionsanalytische Modelle

- Modell, die eine Weiterentwicklung gravitationstheoretischer Ansätze darstellen und in denen man davon ausgeht, dass die Wanderungsbewegung zwischen verschiedenen Regionen nicht nur von den Bevölkerungszahlen im Herkunfts- und Zielgebiet, sondern darüber hinaus von einer Vielzahl weiterer Merkmale abhängig ist
- vier für den **Wanderungsprozess maßgebliche Faktorengruppen** lassen sich unterscheiden:
  - ➢ Faktoren in Verbindung mit dem Herkunftsgebiet
  - ➢ Faktoren in Verbindung mit dem Zielgebiet
  - ➢ Intervenierende Hindernisse
  - ➢ Persönliche Faktoren
- *cost-benefit-model*: hier werden mögliche Kosten und erwarteter Nutzen einer Wanderung miteinander verglichen und der Wohnstandort nur dann verlagert, wenn der Nutzen größer ist als die Kosten (Nutzenmaximierungskonzept)
- Wanderungen können als Investitionen in Humankapital angesehen werden
- Push- und Pull-Faktoren
- Verbesserungsmöglichkeiten der Regressionsmodelle:
  - ➢ Neben den ökonomischen Bedingungen finden in der Herkunfts- und Zielregion weitere Push- und Pull-Faktoren Berücksichtigung

> Der Distanzfaktor wird modifiziert und beispielsweise durch eine „soziale Distanz", eine „Informationsdistanz" oder eine „funktionale Distanz" ersetzt
> Anstelle des einfachen Push-Pull-Modells tritt ein systemtheoretischer Ansatz
- Regressionsmodellen kommt erst dann eine größere Bedeutung zu, wenn nicht ausschließlich auf die Gesamtbevölkerung Bezug genommen wird, sondern man die Wanderungsbewegungen einzelner, nach demographischen oder sozio-ökonomischen Merkmalen ausgegliederter Teilgruppen analysiert

4.2.3 Verhaltensorientierte Modelle

- verhaltensorientierte Modelle basieren darauf, dass Migrationen meist Resultate des Entscheidungsprozesses von Einzelpersonen bzw. Haushalten sind und somit zu ihrer Erklärung die wesentlichen entscheidungsrelevanten Faktoren gefunden werden müssen
- im Mittelpunkt steht das Such-, Wahrnehmungs- und Bewertungsverhalten
- Wanderung kann aus Unzufriedenheit der Entscheidungseinheit mit den Standortfaktoren des gegenwärtigen Aktionsraumes resultieren
- Unzufriedenheit kann verschiedene Ursachen haben:
  > Faktoren (Stressoren), die mit der Wohnung oder dem Wohnumfeld in Zusammenhang stehen
  > Faktoren, die eine Beziehung zu den Bereichen Arbeit, Ausbildung und Freizeit haben
- ist der von Stressoren ausgelöste Spannungszustand bei der betreffenden Entscheidungseinheit so groß, dass eine gewisse Toleranzgrenze überschritten wird, dann wird der Standortnutzen der gegenwärtigen Wohnung negativ beurteilt
- Möglichkeiten die Unzufriedenheit zu beseitigen:
  > Entscheidungseinheit kann ihre Wohnbedürfnisse durch Senken ihrer Toleranzgrenze den Gegebenheiten anpassen
  > Sie kann versuchen, auf die verschiedenen Stressoren einzuwirken
  > Sie kann sich für die Suche einer neuen Wohnung entscheiden
  > Sie kann die Entscheidung verschieben, bis eine für sie günstige Wohnung angeboten wird

4.2.4 Constraints-Modelle

- Handlung wird in einem **handlungszentrierten Konzept** als zielgerichtete menschliche Tätigkeit begriffen, bei deren Konstitution sowohl sozialkulturelle, subjektive wie auch physisch-materielle Komponenten bedeutsam sind
- in Constraints-Modellen werden subjektive Merkmale sowie deren wechselseitige Verflechtungen einbezogen
- objektive Merkmale bilden den Hintergrund für den Wahrnehmungsprozess- und Bewertungsprozess der Entscheidungseinheit, zum anderen wirken sie als constraints auch direkt auf das Wanderungsgeschehen ein

4.3 Internationale Wanderungen

4.3.1 Auswanderungen nach Übersee im 19. und beginnenden 20. Jahrhundert

- **ozeanische Wanderungen des 19. und frühen 20. Jh.** vollzogen sich in einer Übergangsphase der europäischen Entwicklung, die zwischen dem Zusammenbruch der alten agrarischen Gesellschaft und dem Anbruch des modernen Industriezeitalters lag
- latente Auswanderungsbereitschaft in Folge wachsenden Bevölkerungsdrucks
- das „Ventil der Auswanderung" hat zeitweilig etwa 40% des natürlichen Bevölkerungszuwachses in Europa absorbiert
- frühe Bewegungen von Europa nach Übersee entsprechen der „freiwilligen" Wanderung einzelner Pioniere sowie der „Gruppenwanderung"
- Auswanderungsstrom schwoll erst nach 1820 an und wurde zur „Massenauswanderung"
- dies lag an verbesserten Transportmöglichkeiten und der damit gegebenen schnelleren und weniger gefahrvollen Beförderung; ansteigende Geburtenüberschüsse, Sicherstellung der Auswanderungsfreiheit
- Kettenwanderungen: Familie wird nachgeholt
- Wanderungsfreiheit ging 1930 zu Ende, als sich die wichtigsten Einwandererländer im Gefolge der weltweiten Wirtschaftskrise zu einer stärkeren Kontrolle der Immigration entschlossen
- Zielgebiete waren USA, Argentinien, Kanada und Brasilien
- Herkunftsgebiete: Britische Inseln und Deutschland
- von **Deutschland ausgehende überseeische Wanderungsbewegungen**: Massenwanderungen gehen Wanderungen Einzelner und kleiner Gruppen voraus; Pfälzer wegen religiöser Unterdrückung und Hungersnot
- Ausbreitung der Wanderungserscheinung im süddeutschen Raum
- Wirtschaftliche und politische Krisen haben Wanderungsbewegungen zusätzlich gesteuert
- zur Jahrhundertwende nimmt die Überseewanderung ab; Aufstieg der deutschen Industrie
Zusammensetzung der Auswanderer änderte sich in demographischer und sozialer Hinsicht:
  - ➢ Bis 1865: Familienauswanderungen selbstständiger Kleinbauern und Kleinhandwerker, mehr Männer als Frauen, hoher Anteil von ganzen Familien
  - ➢ Bis 1895: Auswanderungen unterbäuerlicher und unterbürgerlicher Schichten aus Norddeutschland, Einzelwanderungen verstärkten sich (auch Frauen)
  - ➢ Bis 1914: Familienauswanderungen gingen zu Ende, Arbeitswanderung nimmt zu, Ende der Agrarkolonisation in den USA führte zum Ende der landwirtschaftlichen Auswanderung, Emigration von Industriearbeitern, nach dem krieg nahm die Einzelwanderung noch einmal zu
- Beweggründe und Ursachen der Überseewanderung:
  - ➢ 18./frühes 19. Jh.: religiöse Auswanderung, einzelne politische Flüchtlinge; wirtschaftlich-spekulative Motive, bei noch nicht angepasstem generativem Verhalten
  - ➢ Wirtschaftliche Probleme Anfang des 19. Jh.: Rückgang des Heimgewerbes, Überbesetzung des Handwerks infolge der beginnenden Industrialisierung
  - ➢ Zweite Hälfte des 19. Jh.: entstehende Industriebetriebe konnten eigenen Leuten Arbeit bieten, Abschwächung der Auswanderungsneigung
- Deutschland wurde zur größten Industrienation des Kontinents

- im Vergleich dazu hatten alle anderen interkontinental Wanderungen weniger Bedeutung

4.3.2 Übersicht der grenzüberschreitenden Wanderungen der Gegenwart

- seit 1950 beginnen sich tief greifende Veränderungen im internationalen Wanderungsmuster abzuzeichnen
- von Europa nach Übersee gerichtete Migrationen setzen sich zunächst noch fort, mit dem wirtschaftlichen Aufstieg Westeuropas verloren sie jedoch erheblich an Bedeutung
- stattdessen gab es **Wanderungen aus den weniger in die höher entwickelten Gebiete**
- weltweites Wanderungsmuster lässt sich durch folgende Besonderheiten charakterisieren:
  - ➢ Globalisierung der zwischenstaatlichen Wanderung drückt sich darin aus, dass immer mehr Staaten und Regionen davon betroffen
  - ➢ Beschleunigung des Wanderungsprozesses
  - ➢ Zunehmende Differenzierung der Migrationen zeigt sich darin, dass in den meisten Zielländern verschiedene Wanderungstypen nebeneinander auftreten und die Gruppe der hoch qualifizierten Migranten sowie der Studierenden an Bedeutung gewonnen haben
  - ➢ Gestiegene Feminisierung der Wanderungen ist nicht ausschließlich dadurch bedingt, dass Frauen und Kinder den zuvor abgewanderten Männern folgen; Frauen sind heute vermehrt an Arbeiterwanderungen und Flüchtlingsströmen beteiligt
  - ➢ Staatliche Reglementierung der Einwanderungen hat zugenommen
  - ➢ Politische Faktoren und Veränderungen haben umfangreiche Wanderungsbewegungen ausgelöst
  - ➢ Internationale Migrationen vollziehen sich häufig nicht als einmaliger Landeswechsel, sondern als Pendelbewegung zwischen Aufnahme- und Herkunftsgesellschaft („transnationale Migrationen")
- Nordamerika weist die meisten Zuwanderer auf; Wanderungsgewinn zwischen 1995 und 2000 betrug 1,39 Mio.
- in Australien und Neuseeland ist eine Trendumkehr der Zuwanderungsströme zu beobachten
- in Europa liegt eine steigende Tendenz der Zuwanderer aus Staaten der Dritten Welt vor; seit 1970 gibt es wachsende Überschüsse
- Lateinamerika war früher auch Zielgebiet überseeischer Migration, heute steigt der Anteil der Rückwanderer
- Afrika und Asien haben negative Wanderungsbilanzen, Zielgebiete sind Industriestaaten West- und Südeuropas, hohe Zahl Asylsuchender kommen nach Mittel- und Westeuropa
- Bevölkerungsverschiebung innerhalb der Großräume ist oft viel bedeutender; zwischen den Staaten verlaufen unterschiedliche wirtschaftliche und sozialkulturelle Entwicklungen
- **Lateinamerika**: negative Wanderungsbilanz; Immigration in Richtung USA, Argentinien und Venezuela als Zielgebiete zwischenstaatlicher Migration
- **Asien**: zwischenstaatliche Wanderungen waren nicht lange bedeutsam; stärkst Bevölkerungsverschiebungen waren nicht freiwillig, sondern durch Flüchtlingsströme bedingt

- **Ölstaaten**: Arbeiterwanderungen, Herkunftsgebiete waren Arabische Welt, Süd- und Südostasien
- **Südostasiatische Staaten**: umfangreiche Wanderungen wegen wirtschaftlichem Boom, Korea und Thailand mit Wanderungsüberschüssen
- **Afrika südlich der Sahara**: Wanderungen über Staatsgrenzen seit langem verbreitet, geringe Flächenausdehnung einzelner Länder, politische und ethnische Konflikte → Massenflucht über Staatsgrenzen und innerhalb der Länder
- **Republik Südafrika**: bedeutendstes Zielgebiet ausländischer Arbeitskräfte (Minen), Herkunftsgebiete sind Nachbarländer, heute legale Kontraktarbeit durch illegale Zuwanderung übertroffen
- **Westafrika**: nicht-registrierte Migranten als die Regel, Ziele: Plantagen in Ghana und Elfenbeinküste
- vor allem wirtschaftliche Gründe als Ursache
- Veränderung der Bevölkerungszahl und –zusammensetzung in den Ziel- und Herkunftsgebieten, soziale und wirtschaftliche Probleme als Folge

4.3.3 Ausländerwanderungen in die Industriestaaten Mittel- und Westeuropas

- mit dem wirtschaftlichen Aufschwung Mittel- und Westeuropas setzte ein zunächst nur langsam ansteigender, in den 60er Jahren aber rasch anschwellender Zustrom ausländischer Arbeitskräfte aus den europäischen Mittelmeerländern sowie aus Nordafrika und der Türkei ein
- unterschiedliche Einwanderungspolitik in den klassischen und der neuen europäischen Einwanderungsländern
- Einwanderung nach Nord- und Südamerika oder nach Australien ist vorwiegend bevölkerungspolitisch orientiert
- die in Europa beobachteten Wanderungsströme sind auf Gebiete hoher Bevölkerungsdichte gerichtet und wurden durch Expansion der Wirtschaft und dem damit verbundenen Arbeitskräftemangel hervorgerufen
- **Politik der klassischen Einwanderungsländer** war darauf ausgerichtet, die neu ins Land gekommenen Menschen möglichst schnell in die Gesellschaft zu integrieren und zu vollwertigen Bürgern zu machen
- Untergliedert man die Ausländerwanderungen hinsichtlich ihres **zeitlichen Ablaufs**, so lassen sich in den Zielländern gleiche Phasen unterscheiden (Beispiel Deutschland):
    - ➢ Abschluss der Anwerbevereinbarungen mit Italien, Spanien, Griechenland, Türkei, Portugal, Tunesien und Marokko in den 50er und 60er Jahren bedingte einen steilen Anstieg der Zuzugsraten; wirtschaftliche Rezession in den 70er Jahren unterbrach den Zuwanderungsboom
    - ➢ Starker Rückgang der Zuzüge nach 1973 war das Ergebnis des Anwerbestops im November 1973; nach anfänglich verstärkten Rückwanderungen kam es schon Ende der 70er wieder zu bedeutsamen Wanderungsüberschüssen, weil die Arbeitskräfte ihre Familie nachkommen ließen; demographische Struktur der Ausländer verschob sich, die Erwerbsquote nahm ab; Programme zur Rückkehrförderung hatten nur kurze Erfolge
    - ➢ Mitte der 80er hab es wieder ansteigende Zuzugsraten; stagnierende und geringe Fortzüge, beträchtliche Wanderungsgewinne; Anteile traditioneller Gastarbeiter (Jugoslawien und Türkei) und EU-Mitglieder sind rückläufig; anwachsender Strom aus restlichem Europa und Außereuropa; sprunghafte Zunahme der Asylbewerber

- ➢ Mitte der 90er: Neuregelung des Asylrechts am 01.07.93 → Zuzüge von Ausländern stabilisieren sich; restriktivere Einreiseregelungen haben illegale Zuwanderung verstärkt
  - ➢ Zukünftige Entwicklung: gesteuerte Zuwanderung aus demographischen
    Gründen und aus Arbeitskräftemangel; Paradigmenwechsel in der Einwande-
    rungspolitik zeichnet sich ab
- die nach 1950 registrierten Zuzüge von Deutschen verteilen sich auf zwei Hauptgruppen:
  - ➢ Zuzüge, vor allem Übersiedler, aus der DDR
  - ➢ Aussiedler aus den deutschen Siedlungsgebieten Osteuropas
- **Übersiedler**: Flüchtlinge oder Zuwanderer mit genehmigter Ausreise, die im Notauf-
  nahmeverfahren registriert worden sind
- **Aussiedler**: Menschen mit deutscher Staatsangehörigkeit oder Volkszugehörigkeit aus
  den ehemals deutschen Ostgebieten sowie den traditionellen Siedlungsgebieten in Osteuropa
- Ausländerzuwanderung in die industriellen Zentren Mittel- und Westeuropas erklärt
  sich aus dem **Entwicklungsgefälle**, das zwischen diesen Ländern und den jeweiligen
  Herkunftsgebieten besteht, und ordnet sich damit in die weltweit beobachteten Wande-
  rungstendenzen der Gegenwart ein
- zwischen 1950 und 2000 kamen 4 Millionen Aussiedler
- wirtschaftliche und soziale Eingliederung stellt große Schwierigkeiten dar
- Entwicklungsgefälle erklärt Ausländerzuwanderungen in industriellen Zentren Mittel-
  und Westeuropas
- Gastarbeiter wurden zunächst als „disponible Arbeitskraftreserven" und „Konjunktur-
  puffer" betrachtet
- **Berufsgruppen**: ungelernte und schlecht ausgebildete Ausländer fanden in den Berufsgruppen einen Arbeitsplatz, in denen Einheimische fehlten → Ausübung unange-
  nehmer, gering bezahlter und prestigearmer Tätigkeiten; Arbeiter nahmen unterste Position in der Gesellschaft und der Beschäftigungsstruktur ein
- „Unterschichtung" der Gesellschaft durch ausländische Bevölkerungsgruppen brachte
  für viele Einheimische die Möglichkeit mit sich, in höhere Berufskategorien aufzu-
  steigen, ohne zuvor ihre Qualifikationen verbessert zu haben → soziale Spannungen
  und Diskriminierung der Ausländer
- deutliche Unterschiede in Staaten mit früher Abwanderung und mit später Abwanderung
- frühe Abwanderung: in den meisten Staaten wird die Abwanderung durch Zuwanderungen kompensiert, sodass sich ihre lange Zeit negative Wanderungsbilanz seit Anfang der 80er Jahre in eine positive gewandelt hat
- auch Gastarbeiterzuwanderung ist durch einen **räumlichen Diffusionsprozess** gesteuert worden
- 1960: Zuzug über Schweiz → Verdichtungsraum Stuttgart erreicht → von dort aus in
  das Umland und noch weiter → Ausbreitung der Gastarbeiter nach hierarchischem
  Prinzip (von Orten mit höherer zu Orten mit niedrigerer Zentralität)
- Gastarbeiterzuwanderung erfolgten aus Süden
- ab den 80ern gab es eine Überlagerung von Konzentrations- und Dekonzentrations-
  prozessen
- Nord-Süd-Gefälle ist in den alten Ländern erhalten geblieben
- in allen Regionen ist eine ausgeprägte **Konzentration der Ausländer auf die Großstädte** zu beobachten
- Gründe: Suburbanisierungsprozess und unterschiedliches Wachstum von Deutschen
  und Ausländern

- **Räumliche Verteilung der Nationalitäten** hat sich im Lauf der Zeit durch Kettenwanderung verstärkt und wurde dadurch gefördert, dass größere Industriebetriebe auf eine möglichst homogene Zusammensetzung der Beschäftigten achteten
- **Konzentration der ausländischen Bevölkerung innerhalb einzelner großstädtischer Räume**: Segregation einzelner Ethnien und Konzentration religiöser und kultureller Einrichtungen
- Ursachen: Segregation Statushoher erfolgt freiwillig, Segregation Statusniedriger ist auf Diskriminierung zurückzuführen

4.4 Binnenwanderungen

4.4.1 Ausmaß und Bedeutung von Binnenwanderungen im Zeitalter der Industrialisierung

- im beginnenden Industriezeitalter waren Außen- und Binnenwanderungen eng miteinander verknüpft
- **zunehmende Mobilitätsbereitschaft** der Menschen ist vor dem Hintergrund einer sich stetig verschärfenden Bevölkerungskrise zu sehen, die in den 1830er und 40er Jahren ihren Höhepunkt erreichte und zu einer Massenverelendung (Pauperismus) führte, da dem aufgrund des Bevölkerungswachstums steigenden Arbeitskräftepotenzial kein vermehrtes Arbeitsplatzangebot gegenüberstand
- hohe Auswanderung brachte Entlastung
- „Gesetz vom doppelten Stellenwert": jede industrielle Stelle bringt eine in der Verwaltung, Versorgung und Dienstleistung mit sich ➔ allgemeine Verbesserung des Lebensstandards
- in der Industrialisierung wurden Wanderungen von Übersee auf Industriestandorte umgelenkt und Industriezentren galten als politischer und sozialer Katalysator
- **Wanderungsvolumen deutscher Großstädte** ab 1881: Wanderungsgewinn der Städte macht nur einen Bruchteil des Wanderungsvolumen aus; konjunkturelle Einbrüche der Jahre 1893/94 und 1901/02 spiegeln sich in einem deutlichen Absinken der Mobilitätsziffer wider
- drei Richtungstypen der Migration: Stadt-Stadt, Stadt-Land. Land-Stadt
- Binnenwanderung erfolgt meist im Nahbereich
- Wanderungsbewegungen haben starke **saisonale Schwankungen**
- Binnenwanderungsvorgänge während der Hochindustrialisierungsperiode sind als ein pulsierender Wechsel von Zu- und Abstrom zwischen Land und Stadt sowie zwischen Städten zu verstehen und die temporäre Wanderung in die Stadt diente oftmals als Vorstufe für eine spätere dauerhaft Ansiedlung
- **Bevölkerungsaustausch zwischen Stadt und Land** zeigt, dass man von einer strengen Trennung zwischen einer industriellen und einer agrarischen Bevölkerung noch nicht sprechen kann
- Nebeneinander hoch mobiler und rasch konsolidierender Gruppen
- Innere Differenzierung der Wanderungsströme:
    - ➢ Geschlechtsspezifische Unterschiede hinsichtlich Umfang, Konjunkturabhängigkeit und Distanz: höheres Wanderungsvolumen bei Männern, Nahwanderung vor allem bei Frauen
    - ➢ Altersgruppen zwischen 16 und 30 sind überproportional von Wanderungen betroffen, abnehmende Mobilität ab 30, da keine hohen Berufschancen mehr bestehen
    - ➢ Kein Zusammenhang zwischen beruflicher Qualifikation und Mobilitätsgrad

- Verlagerung des verhinderten ländlichen Pauperismus in Norddeutschland in die soziale Problematik der westdeutschen Industriegroßstadt

4.4.2 Bestimmungsgründe und Auslesewirkungen interregionaler Wanderungen in hoch entwickelten Staaten

- Entwicklung der Bundesrepublik Deutschland seit dem 2. Weltkrieg:
  - ➢ In der Kriegs- und Nachkriegsperiode wurde der seit Mitte des 19. Jh. anhaltende Verstädterungsprozess gewaltsam unterbrochen und die Landgemeinden hatten den Hauptteil des Bevölkerungswachstums zu tragen
  - ➢ Mit dem Rückstrom der Evakuierten und der Weiterwanderung der Flüchtlinge und Vertriebene in die Zentren des wirtschaftlichen Aufschwungs setzte der Verdichtungsprozess erneut ein
  - ➢ Zu Beginn der 60er Jahre bahnte sich eine Wende im Prozess der zunehmenden Bevölkerungskonzentration an
  - ➢ Der Gegensatz zwischen Verdichtungsgebieten und ländlichen Räumen, der die Bevölkerungsentwicklung und die Migrationsbewegungen bis in die 1960er Jahre bestimmt hatte, wird seitdem durch ein differenziertes Wanderungsmuster ersetzt
- in der ehemaligen DDR dominierten nach wie vor Land-Stadt-Wanderungen
- Vereinigung der beiden deutschen Staaten hat dann zu völlig neuen Mustern der Binnenwanderung geführt, so dass eine fünfte Phase angefügt werden muss
  - ➢ Starke Abwanderung vor allem jüngerer Menschen aus den neuen in die alten Bundesländer, begleitet von gleichgerichteten Pendlerströmen
- schwierige Beschäftigungslage und hohe, noch steigende Arbeitslosigkeit im Osten
- idealtypischer Entwicklungsablauf:
  - ➢ Binnenwanderungen sind überwiegend Stadt-Land gerichtet; hohe Wanderungsgewinne erzielen die bedeutenden großstädtischen Ballungen, ihnen steht eine ausgeprägte Entvölkerung in den ländlichen Räumen gegenüber
  - ➢ Landflucht und Bevölkerungsverlagerungen von den Verdichtungsräumen in ihr Umland verlaufen parallel zueinander; in diese Gruppe können die skandinavischen Staaten, die Alpenländer und teilweise auch Frankreich eingeordnet werden
  - ➢ Abwanderungen vom Land gehen zurück; stattdessen werden die interregionalen Wanderungsverflechtungen durch Fortzüge aus älteren, monostrukturierten und umweltbelastenden Bergbau- und Industriegebieten in attraktive Verdichtungsräume bestimmt
- zeitlich versetzte Entwicklung in den USA
- Gründe für Wanderungswelle in den Süden: rural renaissance, Ansiedlungen zukunftsträchtiger Industrien, niedrigere Lebenshaltungskosten, günstige Preise für Häuser und Grundstücke, sun and fun
- Altersmäßige Selektivität des Wanderungsprozesses:
  - ➢ Unbefriedigende schulische und berufliche Ausbildungsmöglichkeiten führen zur Abwanderung von Personen im Alter von 18-24 Jahren aus vielen ländlichen Peripherregionen; höchste Gewinne verzeichnen attraktive Verdichtungsräume
  - ➢ Hohe Wanderungsbilanz von Personen im Alter von 25-29 Jahren sind für die Gebiete charakteristisch, die ein ausreichendes und differenziertes Arbeitsplatzangebot aufweisen

-	vier Wanderungsgruppen homogenen Verhaltens:
	➢	Die 16-20 jährigen als „Bildungswanderer"
	➢	Die 21-34 jährigen als „qualifizierte Arbeitsplatzwanderer"
	➢	Die 25-49 jährigen als „Wohn- und Wohnumfeldwanderer"
	➢	Die über 49-jährigen als „Altersruhesitzwanderer"
-	Peripherräume mit relativer Überalterung; Übergewicht weiblicher Bevölkerung
-	Abwanderung der Personen im reproduktionsfähigem Alter → natürliche Bevölkerungszunahme negativ
-	Zuwanderung junger Menschen → Verjüngung der Gebiete

4.4.3 Landflucht in den Staaten der Dritten Welt

-	Parallele zwischen der natürlichen Bevölkerungsentwicklung und dem Umfang sowie den Erscheinungsformen der räumlichen Mobilität
-	Zusammenhang zwischen dem Öffnen der Bevölkerungsschere und einer Zunahme der Wanderungsbewegungen
-	Landflucht und Verstädterung
-	Gründe für Landflucht und Verstädterung:
	➢	Land-Stadt gerichtete Migrationen erreicht ein höheres Niveau, als es je in den Industriestaaten der Falle war
	➢	Migration und Städtewachstum setzen ein, ohne dass sich grundlegende Veränderungen auf dem Land anbahnten oder die Städte einen größeren Bedarf an Arbeitskräften hatten
	➢	Der erhoffte Ausgleich der Lebensbedingungen zwischen Stadt und Land stellte sich nicht ein
-	Frage nach Auslösern ist schwer zu beantworten
-	empirische Untersuchungen, die sich mit der **Motivation von Wanderungsbewegungen** beschäftigen, haben immer wieder die überragende Bedeutung wirtschaftlicher Bestimmungsgründe nachgewiesen
-	Wanderungsentscheidungen sind nicht von Einzelpersonen, sondern vom Familienband getroffen worden
-	Verbesserung des Ausbildungsniveaus hat den Abwanderungsprozess ebenfalls gefördert
-	Analyse des **Wanderungsablaufs** konzentriert sich vor allem auf zwei Forschungsfelder: den Einfluss der Distanz auf das Wanderungsverhalten sowie die damit in engem Zusammenhang stehende Frage nach der Bedeutung der Etappenwanderung
-	wachsende Attraktivität einzelner Zentren mit wachsender Distanz
-	**raumzeitlicher Ablauf** der Wanderungsvorgänge:
	➢	Im zeitlichen Verlauf hat die Anziehungskraft der großen Städte und dabei vor allem der Hauptstadt auf immer entlegenere Räume übergegriffen
	➢	Semipermanente Migrationen sind mehr und mehr durch permanente ersetzt worden und anstelle der Etappenwanderung trat die Direktwanderung auch über größere Distanzen
-	Bevölkerungsstruktur der Ziel- und Herkunftsgebiete wird durch die **Selektionswirkung der Wanderungsvorgänge** entscheidend verändert
-	Auslesewirkungen der Binnenwanderungsströme können durch folgende wichtige Regelhaftigkeiten umschrieben werden:
	➢	Unter den Zuwanderern aus dem Nahbereich der größeren Städte überwiegen eindeutig die Frauen; Grund für die Verschiedenartigkeit: günstigere Beschäftigungssituation für weibliche Hausangestellte, einer Tätigkeit, bei der nur eine geringe berufliche und schulische Qualifikation vorausgesetzt wird

- Da die meisten Zuwanderer in jugendlichem Alter und noch vor einer Heirat in die Stadt kommen, zeichnen sich die Bevölkerungspyramiden aller größeren Orte nicht nur durch einen Frauenüberschuss aus, sondern auch durch einen überdurchschnittlich hohen Prozentsatz 15-34 Jähriger
  - Im statistischen Mittel weisen die in die großen Ballungszentren Zugewanderten eine geringere schulische Qualifikation als die die übrige Bevölkerung auf
  - Die Konzentration der Zuwanderer auf einige wenige Berufsgruppen ist größtenteils auf ihren geringen Ausbildungsstand zurückzuführen
- **Konsequenzen der Land-Stadt gerichteten Migration**: Folgen für ruralen Sektor sind negativ, regelmäßige Überweisung von Rimessen als Lebensgrundlage
- Nachteile:
  - Durch die Abwanderung der fähigsten und am besten ausgebildeten Kräfte erleidet der ländliche Raum einen beträchtlichen *brain drain*
  - Dadurch, dass vor allem Personen im erwerbsfähigen Alter den ländlichen Raum verlassen, steigt der prozentuale Anteil der Alten und Kinder ständig an und immer mehr Menschen müssen von immer weniger Erwerbstätigen ernährt werden
  - Da nicht nur Bauern, sondern oft auch andere Erwerbspersonen abwandern, tritt eine starke Vernachlässigung der ohnehin meist nur schwachen und ärmlichen Infrastruktur ein; Mangel an qualifizierten Arbeitern zeigt Zerfall an Hütten
  - Die sozialen Strukturen auf dem Lande werden desintegriert
  - Selbst wenn einige der Abwanderer später remigrieren, sind damit nicht unbedingt nur positive Folgewirkungen verbunden
- insgesamt trägt die selektive Abwanderung dazu bei, dass die Bewohner ländlicher Räume in ihren traditionellen Lebensformen verharren und gegenüber Neuerungen meist wenig aufgeschlossen sind
- Folgen für städtische Bereich: Wohnversorgung kann mit Anschwellen der Zuwanderer nicht Schritt halten → Ruf nach Steuerungsmöglichkeit der Migration

4.5 Innerstädtische und intraregionale Wanderungsbewegungen

4.5.1 Umzugsverhalten ausgewählter Bevölkerungsgruppen in Verdichtungsräumen von Industriestaaten

- 1970er: Kernräume der Industrieländer wachsen nur noch geringfügig oder verlieren sogar an Einwohnern
- Trendwende in Deutschland: längere negative Wanderungsbilanz, Rückgang der Geburtenzahlen
- 1975-1985: deutliche Bevölkerungsabnahme; Hälfte durch Geburtenschwund, Hälfte durch die Abwanderungen ins Umland
- 60er und 70er Hochphase der Suburbanisierung in Westdeutschland
- Drei Quellen der Suburbanisierung:
  - „Direkte Raumwanderung": Verlagerung des Wohnstandorte aus der Kernstadt in das angrenzende Umland
  - „Indirekte Raumwanderung": Interregionale Wanderungen, die ihre Herkunfts- und Zielgebiete im suburbanen Raum haben
  - „Autochthone Suburbanisierung": Einheimische Bevölkerungsgruppen nehmen nach Aufgabe der Landwirtschaft einen Arbeitsplatz in der Kernstadt an
- wirtschaftliches Wachstum und die massenhafte Verfügbarkeit des Automobils ermöglichten die Verwirklichung des Wunsches nach einem Haus im Grünen

- ab Mitte 70er: Verlangsamung der Suburbanisierung, suburbaner Raum wird heterogener
- neue Bundesländer: nachholende Entwicklung nach der Wende; Suburbanisierung erreicht hier größere Dynamik als in Westdeutschland
- Beschleunigung durch exogene Prozesse wie steuerliche Sonderabschreibungen oder Wohnungsbauförderungen
- Gegenwart: Rückwanderung in Kernstädte, keine flächendeckende Revitalisierung und Aufwertung der Innenstädte, fortdauernde Abwanderung der Bevölkerung in das Umland kann nicht kompensiert werden
- Suburbanisierung wandelt sich in **Periurbanisierung**: inselhafte Entstehung neuer Siedlungen jenseits der geschlossenen bebauten Zonen, deren Bewohner Versorgungs- und Pendelbeziehungen zur Kernstadt oder suburbanen Zentren aufrecht erhalten werden
- Wanderungsmotive:
  - Typ 1: arbeitsplatz- und studienplatzorientierte Wanderung, junger Einpersonenhaushalt, geringe Entfernung zur Arbeit, Verlassen nach kurzer Wohndauer
  - Typ 2: Zuzug ähnlich motiviert, Wegzug aus Wohnungsgründen, Arbeitsplatz bleibt in der Innenstadt → höherer Pendlerstrom
  - Typ 3: erzwungene Wohnortswechsel
  - Typ 4: Variante von Typ 1, nach Zuzug wird in Kernstadt erneut umgezogen
- enge Verbindung von **Wanderung und Lebenszyklus**: Hohe Wanderungsgewinne der Kernstädte nur bei 18-24-jährigen (Bildungswanderer), 25-29-jährige (qualifizierte Arbeitsplatzwanderer), Kinder, Eltern und ältere Menschen verlassen Kernstädte per Saldo
  → Thesen von (Re-)Urbanisierung und Stadtflucht bestätigt; Stadt nur für Junge interessant
- Stadt-Umland-Wanderung wird durch Push-Faktoren gefördert
- Anpassung der Wohnung an die Familiengröße
- Entmischungs- und Verdichtungsprozesse in Herkunfts- und Zielgebieten

4.5.2 Beispiele intraurbaner Wanderungen in Entwicklungsländern
- Beispiel: Lateinamerika
- überdurchschnittliche Bevölkerungszunahme hatte zur Folge, dass sich die aus der Kolonialzeit ererbten Wachstumsgesetze der Städte entscheidend gewandelt haben
- Zentrifugale Bevölkerungsbewegung meist von Oberschicht eingeleitet (nach Weltkriegen): Fortzug aus Altstadt wegen Umweltbelästigung, größeren Ertrag der Grundstücke d. Büros, moderne Villen in infrastrukturell gut erschlossenen Vierteln
- Villenvororte wurden jedoch vom Verstädterungsprozess eingeholt
- Angehörige der Mittelschicht wollen deren Wohnumfeldsituation kopieren → Gated Communities entstehen
- Innerstädtische Wanderungsbewegungen von Angehörigen unterer Schichten; zwei Formen:
  - Wiederholte Umzüge im Viertel oder benachbarten Wohngebieten; Gründe: rückständige Mieten und somit Kündigung
  - Neue illegale, semilegale oder legale Hüttenviertel:
    Illegal: Besetzung staatlicher/privater Ländereien
    Semilegal: Gründstücke legal verkauft, Umwidmung in Bauland ohne Genehmigung
    Legal: von kommunalen Stellen geregelt
- zweiphasiges Wandermodell geht auf Turner zurück: Wohnwünsche und damit auch die Anforderungen an den Wohnstandort können sich im Laufe der Zeit und in Abhängigkeit von der sozio-ökonomischen Position sowie der Stellung im Lebenszyklus ändern

-   für Neulinge ist die Lage zum Arbeitsplatz entscheidend, hat man den Arbeitsplatz sicher hat man den Wunsch nach einer eigenen Wohnung und später nach Kindern
-   Modifikationen des Wanderungsmodells:
    -   Namentlich in den großen, sich dynamisch entwickelnden Städten sind heute alle Unterschichtquartiere, einschließlich konsolidierter Hüttenviertel und Siedlungen des sozialen Wohnungsbaus, zu „Brückenköpfen" für Neuzuwanderer und damit zu Ausgangspunkten für spätere intraurbane Wanderungen geworden
    -   Die Wahl des Wohnstandortes wird nicht nur durch sich wandelnde Präferenzen bestimmt, sehr viel entscheidender sind häufig weit reichende Einschränkungen des Handlungsspielraums durch verschiedene Formen von *constraints*
-   Räumliche Muster sozial bestimmter Stadtviertel: bis 1980er gekennzeichnet durch Überlagerung ringförmiger, sektoraler und zellenartige Strukturelemente
-   Bild heute wesentlich komplexer: neue Stadtautobahnen und intraurbanes Schnellstraßennetz, sub- und periurbaner Raum auch für Ober- und Mittelschicht attraktiv
-   Hüttenviertel ergänzt durch großflächige Infrastruktur auf „grüner Wiese": Fragmentierung als dominantes Prinzip der Stadtentwicklung

Das durch die Einführung der zeitlichen Dimension modifizierte Turner-Modell fasst wichtige Regelhaftigkeiten zum Ablauf und zur Richtung innerstädtischer Wanderungsbewegungen in den Staaten der Dritten Welt zusammen. Die beobachteten Abweichungen lassen sich dadurch erklären, dass die Entscheidungsfreiheit des Einzelnen in unterschiedlichem Ausmaß durch externe Faktoren eingeschränkt wird ➔ Frage, ob constraints- oder choice Modell dominiert